乡村产业振兴提质增效丛书
临沂市农业科学院组织编写

沂蒙农业科技新成果

周绪元　主编

中国农业科学技术出版社

图书在版编目（CIP）数据

沂蒙农业科技新成果 / 周绪元主编 .—北京：中国农业科学技术出版社，2019. 9

ISBN 978-7-5116-4356-8

Ⅰ. ①沂…　Ⅱ. ①周…　Ⅲ. ①农业技术-科技成果-汇编-临沂　Ⅳ. ①S-12

中国版本图书馆 CIP 数据核字（2019）第 183274 号

责任编辑　褚　怡　张诗瑶
责任校对　马广洋

出 版 者　中国农业科学技术出版社
北京市中关村南大街 12 号　邮编：100081
电　　话　(010)82109194(编辑室)　(010)82109704(发行部)
(010)82109709(读者服务部)
传　　真　(010)82106631
网　　址　http://www.castp.cn
经 销 者　各地新华书店
印 刷 者　廊坊佰利得印刷有限公司
开　　本　880mm×1 230mm　1/32
印　　张　8. 375
字　　数　241 千字
版　　次　2019 年 9 月第 1 版　2019 年 9 月第 1 次印刷
定　　价　50. 00 元

献给新中国成立 70 周年！

《沂蒙农业科技新成果》

编　委　会

主　编：周绪元

副主编：朱新亮　李　辉　刘　飞　杜玉德
钟建峰　徐茂治　李俊庆

编　者：赵秀山　孙　伟　金桂秀　李宝强
谭　忠　张永涛　徐玉恒　杨　燕
陈香艳　彭金海　冷　鹏　魏　萍
凌再平　李　静　庄克章　樊青峰
刘丽娟　李际会

序

实施乡村振兴战略，是以习近平同志为核心的党中央顺应亿万农民对美好生活的向往，对“三农”工作作出的重大战略部署。打造乡村振兴齐鲁样板，是党中央赋予山东的光荣使命。临沂作为全国革命老区、传统农业大市，必须抓住机遇、高点定位、勇于担当、科学作为，全力争取在打造乡村振兴齐鲁样板中走在前列。

近年来，全市各级各部门自觉践行“两个维护”，大力弘扬沂蒙精神，立足本职，精准施策，优化服务，强力推进乡村振兴，做了大量富有成效的工作。其中，临沂市农业科学院围绕良种选育、种养技术研发、农产品精深加工、智慧农业推广及沂蒙特色资源保护与开发等领域，依托各类科技园区、优质农产品基地、骨干企业、农业科技平台，突破了一批原创性的重大科研成果和关键技术，实施了一批重点农业科技研发项目，为全市乡村产业振兴作出了积极贡献。

在庆祝新中国成立70周年之际，临沂市农业科学院又对2000年以来取得的科研成果进行认真遴选，并与国内外先进农业技术集成配套，编纂出版《乡村产业振兴提质增效丛书》。该丛书凝聚了临沂农科人的大量心血，内容丰富、图文并茂、实用性强，这对于指导和推动农业转型升级、加快实施乡村振兴战略必将发挥重要作用。

乡村振兴，科技先行。希望临沂市农业科学院在推进“农业科技展翅行动”中再接再厉、再创辉煌，集中突破一批核心技术、创新应用一批科技成果、集成推广一批运营模式，全面提升农业科技创新水平。希望全市广大农业科技工作者不忘初心、牢记使命，聚焦创新、聚力科研，扎根农村、情系农业、服务农民，进一步为乡村振兴插上科技的翅膀。希望全市人民学丛书、用丛书，增强技能本领，投身“三农”事业，着力打造生产美产业强、生态美环境优、生活美家园好的沂蒙特色“富春山居图”。

（中共临沂市委副书记、市长）

2019 年 7 月 29 日

前　　言

临沂市农业科学院作为立足临沂、面向黄淮区域的公益性农业科研单位，多年来一直致力于农作物品种选育、优质高效生产新技术及沂蒙特色资源保护与开发利用等研发工作。建院60多年来，共取得282项市级（含）以上科技成果，其中国家级23项，省级54项；选育出了国家审定、省级审定或登记的“临麦系列”小麦品种、“临花系列”花生品种、“临稻系列”水稻品种、“临豆系列”大豆品种等71个；制定24项省市地方标准，获得60项专利授权，主持和参编200余部专著和科普读物，科技成果应用转化效益显著。

进入21世纪以来，临沂市农业科学院紧跟时代步伐，积极投身三农建设主战场，面向基层对农业科技的迫切需求，立足产业特色和学科优势，不断创新，在作物育种、作物栽培、蔬菜栽培、金银花及黑山羊高效利用等方面取得了一大批科研成果，在推动临沂市及周边地区农业增产增收、加快乡村振兴工作中发挥了重要作用。

为认真总结临沂市农业科学院2000年以来取得的新成果，加强宣传推介，促进成果转化推广，我们筛选出具有推广价值、有一定科技含量、效益较显著的代表性新品种、新成果及技术标准，编纂成这本《沂蒙农业科技新成果》。

该书共分为四个部分：第一章为审定登记品种，收录小麦、水稻、花生、大豆、甘薯和金银花等22个新品种，对品种选育经过、特征特性、栽培技术要点和推广应用情况等作出简要介绍；第二章为获奖科技成果，收录粮食作物育种、粮食作物栽培、经济作物育种与栽培、蔬菜栽培、特色资源保护与利用和农业园区与农业品牌建设等成果 54 项，对成果概况、知识产权、推广应用和获奖等级等作出简要介绍；第三章为颁布技术标准，收录粮食、油料、蔬菜、黑山羊等技术标准 17 项，包括发布单位及正文等；最后为附录，内容包括临沂市农业科学院历史与发展的 8 个方面材料，供广大读者参考。

本书是临沂市农业科学院向新中国成立 70 周年献礼项目。由于时间仓促，加之水平所限，不当之处，敬请批评指正。

编者

2019 年 8 月

目　　录

第一章　审定登记品种

一、小麦新品种

1. 临麦 9 号

育成单位：临沂市农业科学院

育种人：李宝强　刘飞　刘正学　李龙　王靖　周忠新　孔令国　樊青峰

审定（登记）编号：鲁审麦 20180012 号

选育经过：2003 年以临 044190 为母本，泰山 23 号为父本配制杂交组合，后代采取系谱法处理，从杂种的第一次分离世代开始，2003—2004 年种植收获杂交种 F_1 代。2004—2005 年 F_1 代整体表现较好，综合性状突出，混收并种植 F_2 代。2005—2006 年选择中早熟、抗倒性好、抗病性强，叶片上冲、半紧凑株型的优秀单株并种植 F_3 代。2006—2007 年继续选择综合性状较好，落黄好的单穗并种植 F_4 代。2007—2008 年选择抗倒性好、抗病性强、抗冻性突出、丰产性好的单穗并种植 F_5 代。2008—2009 年根据株型、株高、穗型、抗病性、落黄、籽粒品质及单行产量等各方面性状进行选择，收获 F_6 代，并命名为临 091。2012—2014 年于临沂市农业科学院参加小麦旱地品比试验，同时稀播繁殖种子。2014—2015 年申请参加山东省小麦旱地区域试验。2016—2017 年参加山东省小麦旱地生产试验。2018 年 1 月通过山东省农作物品种审定委员会审定，并被正式命名为临麦 9 号。

特征特性： 半冬性，幼苗半匍匐，株型紧凑，旗叶上冲，抗倒伏性中等，熟相较好。生育期 230d，株高 74.5cm，最大分蘖 1 413 万个/hm^2，有效穗 586.5 万穗/hm^2，分蘖成穗率 40.2%；穗长方形，穗粒数 34.0 粒，千粒重 42.3g，容重 793.6g/L，长芒、白壳、白粒，籽粒硬质。条锈病和白粉病免疫，高感叶锈病、纹枯病和赤霉病。越冬抗寒性好。籽粒蛋白质含量 15%，湿面筋 38.1%，沉淀值 32.5ml，吸水率 64.2ml/100g，稳定时间 4.9min，面粉白度 72.9，品质达到中筋优质小麦标准。

栽培技术要点： 山东省最佳播期 10 月 5—20 日，适播期内基本苗一般 225 万～270 万株/hm^2。晚播超过 20d 后，每晚播 1d，增加基本苗 15 万株/hm^2，基本苗最多不宜超过 420 万株/hm^2。播种时均匀一致，深度 3～4cm。精细秸秆还田，配方施肥，一般每公顷施用纯氮肥 225kg、P_2O_5 37.5kg、K_2O 37.5kg、硫酸锌 1kg；其中 50%纯氮作基肥，50%氮肥拔节后追施。足墒播种，种肥同播，播后镇压。根据墒情浇好越冬水，小麦春季肥水一般在拔节后期结合浇水追施尿素，旱地小麦一般在拔节中期结合降雨追施。根据土壤墒情酌情浇扬花水，一般不建议浇灌浆水，灌浆中后期禁止浇水。根据麦田病虫害发生情况选择适宜药剂进行综合防治，增加叶片活性，延缓衰老，预防干热风，增加粒重，提高产量和品质，适时收获。

适宜区域： 适于水旱两用，适宜山东省中高肥水、旱肥地麦区种植。

推广应用情况： 临麦 9 号作为 2018 年审定的小麦新品种，当年示范推广 15 万亩（1 亩≈667m^2，1hm^2=15 亩，全书同），2019 年水地高产攻关田实打验收亩产 752.54kg，旱地千亩示范方平均亩产 690.4kg，具有较强的高产性和丰产性，推广和应用前景非常广阔（图 1、图 2）。

图 1　临麦 9 号抽穗期

图 2　临麦 9 号成熟期

2. 临麦 4 号

育成单位：临沂市农业科学院

育种人：刘飞　刘正学　李宝强　王靖　黄秀山　朱新亮

审定（登记）编号：鲁农审 2006046 号

选育经过：1996 年（F_0），以鲁麦 23 号为母本，临 9015 为父本组配杂交组合，获取 58 粒杂交种子。1996—1997 年（F_1），种植 F_1代，鉴定其杂种真实性，并判断其丰产性、抗病性等，结果显示该组合在 F_1代即表现出较强的优势，并作为重点组合收获，编号为 96-48。1997—1998 年（F_2），对优异组合 96-48 进行重点选育，混播种植 15 行，约 650 株，从中选育单株 39 个，其中以 96-48-5 表现较好。1998—1999 年（F_3），对该重点组合的选育单株进行扩大范围选育，每个单株种植 5 行，约8 000个单株，并从中选育出 62 个单株。1999—2000 年（F_4），对上代选育的单株进行重点选育，共选育单株 58 个。2000—2001 年（F_5），继续进行单株选择，共选择出圃 32 个株系。经室内考种淘汰后保留 12 个进入下年度鉴定圃。2001—2002 年在临沂市农业科学院进行小麦鉴定试验，经综合比较 96-48-5-8-2-1 表现丰产、抗病、优势强，命名为临麦 4 号。2002—2003 年在临沂市农业科学院进行小麦品比试验，试验结果，临麦 4 号平均亩产 639. 61kg，比对照品种鲁麦 14 号增产 18. 32%，达极显著水平。2003—2004 年参加山东省小麦高肥甲组预备试验。2004—2005 年参加山东省小麦高肥甲组区域试验。2005—2006 年参加山东省小麦高肥甲组区域试验。2005—2006 年在参加山东省小麦高肥甲组区域试验的同时，由山东省种子管理总站破格提升参加了山东省小麦高肥生产试验。2006 年通过山东省农作物品种审定委员会审定。

特征特性：半冬性，幼苗半直立。两年区域试验结果平均：生育期 242d，与潍麦 8 号相当；株高 78. 9cm，株型半紧凑，叶片上举，茎叶蜡质明显，较抗倒伏，熟相中等；每亩最大分蘖 82. 4 万个，有效穗 31. 8 万穗，分蘖成穗率 38. 7%，分蘖成穗率中等；穗型棍棒，穗粒数 44. 3 粒，千粒重 45. 8g，容重 776. 3g/L；长芒、白壳、白粒，籽粒饱满、半硬质。2006 年委托中国农业科学院植物保护研究所进行抗病性鉴定：中抗至抗叶锈病，中感纹枯病，感条锈病、白粉病和赤霉病。2005—2006 年生产试验统一取样经农业部谷物品质监督检验测试中心（泰安）测试：籽粒蛋白质（14%湿基）13. 2%、湿面筋（14%湿基）36. 1%、出粉率 64. 0%、沉淀值（14%湿基）20. 7ml、吸水率 55. 8%、形成时间 2. 2min、稳定时间 1. 3min，面粉白度 82. 4。

栽培技术要点：施足基肥，一般每亩施优质土杂肥 3 000kg，尿素 15kg，磷酸二铵 15kg，硫酸钾 15kg，硫酸锌 2. 5kg。适宜播期 10 月 5—15 日，每亩基本苗 15 万~18 万。浇好越冬水，加强起身拔节期的肥水管理，适时浇好孕穗灌浆水。及时防治病虫害，适时收获。

适宜区域：适宜于山东省全省高肥水地块种植。

推广应用情况：连续多年被山东省农业厅推荐为“山东省农业主导品种”，累计推广 3 000万亩以上，获得了显著的社会经济效益（图 3、图 4）。

图 3　临麦 4 号灌浆期

图4　临麦4号成熟期

3. 临麦2号

育成单位：临沂市农业科学院

育种人：刘正学　刘飞　李宝强

审定（登记）编号：鲁农审字〔2004〕021号

选育经过：1996年（F_0）利用大穗、丰产、落黄好的鲁麦23作母本，以综合农艺性状优良的临90-15作父本进行有性杂交，当年获得58粒种子，编号96-48。1996—1997年（F_1），将收获的58粒种子的10粒进行抗病性鉴定，表现为抗白粉病、条锈病、叶锈病1级。另外48粒杂交种种植于田间选种圃选育，因性状优良而混收。1997—1998年（F_2），F_1代杂交种在选种圃混播选育，表现1级组合，入选42株，经考种淘汰10株。1998—1999年（F_3），在选种圃以重点组合进行系谱选育，入选单株89株。1999—2000年（F_4），选种圃系谱选育，入选26株，38个株系中选出圃。2000—2001年上年度入选的38个株系高肥测产鉴定。品系鉴定中以96-48-1-49性状优异，丰产性好，比对照品种鲁麦14增产22.97%，居61个高肥鉴定品系之首，代号“临4076”，同时进行株系高倍繁殖，命名为“临麦 2 号”，并进行了配套栽培技术试验研究，经总结分析，形成了该品系一系列的推广技术规范与配套栽培技术规程。选种圃系谱选育，入选 18 株，另 3 个株系中选出圃。2001—2002 年：参加山东省小麦高肥甲组预备试验，经全省高肥预试鉴定，表现抗病、丰产、适应性强，省预试平均亩产 543.63kg，比对照品种鲁麦 14 号增产 6.95%，居所有 28 个参试品种之首。2002—2003 年：临麦 2 号参加山东省小麦高肥区试中，全省平均亩产 527.33kg，比对照品种鲁麦 14 号增产 11.39%，屈居第 2 位，综合性状居首位；在全国黄淮北片冬小麦高肥预备试验中，8 点试验有 7 处增产，平均亩产 551.36kg，增产 3.40%。2003—2004 年：继续参加山东省小麦高肥甲组区域试验、全国黄海北片冬小麦高肥区域试验、并于 2003 年 8 月由山东省农作物品种审定委员会破格提升参加 2004 年度山东省小麦生产试验。2004 年 8 月，由于临麦 2 号在山东省小麦预备试验、区域试验和生产试验中表现突出，经山东省农作物品种审定委员会审定通过。

特征特性：半冬性，幼苗半直立，区域试验结果平均：生育期 241d，比对照品种晚熟 1d，熟相中等；株高 78.6cm，亩最大分蘖 97.1 万个，亩有效穗 35.5 万穗，分蘖成穗率中等，穗粒数 43.8 粒，千粒重 44.2g，容重 769.3g/L；株型紧凑，茎秆粗壮，抗倒伏，叶色中绿，穗棍棒形，长芒、白壳、白粒，籽粒饱满度较好，半硬质，有黑胚现象中感条锈病，中感至高感叶锈病，感白粉病和纹枯病。粗蛋白含量（干基）14.14%、湿面筋 32.0%、出粉率 70%、沉降值 20.3ml、面粉白度 94.7、吸水率 57.1%、形成时间 2.0min、稳定时间 0.8min、软化度 248FU。

栽培技术要点：施足基肥，一般每亩施优质土杂肥 3 000kg，尿素 15kg，磷酸二铵 15kg，硫酸钾 15kg，硫酸锌 2.5kg。适宜播期 10 月 5—15 日，每亩基本苗 15 万~18 万。浇好越冬水，加强起身拔节期的肥水管理，适时浇好孕穗灌浆水。及时防治病虫害，适时收获。

适宜区域：适宜于山东省全省高肥水地块种植。

推广应用情况：自品种审定以来，连年由山东省农业厅推荐为“山东省农业主推技术与主导品种”，累计推广面积2 000万亩以上，获得了显著的社会经济效益（图5）。

图5　临麦2号

二、水稻新品种

1. 临稻24号

育成单位：临沂市农业科学院

育种人：金桂秀　李相奎　张瑞华

审定（登记）编号：鲁审稻20170044号

选育经过：以临稻10号与镇稻88杂交后选育而成。

特征特性：属中晚熟品种。株型紧凑，叶片浓绿，剑叶上冲，穗棒状半直立，谷粒椭圆形。区域试验结果：全生育期160d，比对照品种临稻10号晚熟1d；平均亩有效穗25.3万，成穗率75.5%，株高93.3cm，穗长15.9cm，穗实粒数113.2粒，结实率83.8%，千粒重25.8g。2014年和2015年经农业部稻米及制品质量监督检验测试中心（杭州）测试：稻谷糙米率84.2%，整精米率 72.8%，长宽比 1.8，垩白粒率 26%，垩白度 4.7%，胶稠度 76mm，直链淀粉含量 17.2%。2015 年经天津市植物保护研究所抗病性接种鉴定：感稻瘟病。在 2014—2015 年全省水稻品种中晚熟组区域试验中，两年平均亩产 684.2kg，比对照品种临稻 10 号增产 6%；2016 年生产试验平均亩产 648.3kg，比对照品种临稻 10 号增产 5.6%。

栽培技术要点：适时播种，培育壮秧，一般适宜播种期 5 月上旬。每亩水育秧的播种量 25~30kg，旱育秧的播种量为 35~40kg。播种前用 25%施保克乳油2 000~3 000倍液浸种 3~5d 防治恶苗病。旱育秧田最好选择易灌易排、肥力较高的菜园地，如采用大田地，可在冬前冬耕冻垡，秧田地要整平耙细，地无明暗坷垃，做成畦面宽 1.3~1.5m，畦埂宽 0.2~0.3m 的阳埂阴畦；施足基肥，一般亩施圈肥2 500kg，过磷酸钙 20~30kg，硫酸钾 10~15kg；浇水首先要浇足浇匀，待水下渗后可随即播种，在有机质含量较高，土壤不易板结的地块，可干播种后浇水；每亩秧田播量 20~25kg，要撒播均匀，防止出现疙瘩苗，播种量每亩秧田 25~30kg。3 叶期每亩追施尿素 10kg，以培育多蘖壮秧。科学施肥，合理密植，一般每亩施纯氮肥 15kg，每亩氮、磷、钾比例为 20：10：12.5；重施基肥，大田中后期少施氮肥，移栽后 5~7d，每亩追施返青分蘖肥尿素 10kg，后期视苗情补施穗肥，防止追肥过多、过晚，造成贪青晚熟；磷钾肥做基肥施用，钾肥也可在水稻拔节时每亩施用 15kg，可增强茎秆抗倒性，同时有利于水稻灌浆，提高结实率，在 9 月上旬喷施磷酸二氢钾等叶面肥，促进籽粒饱满。适期移栽，秧龄不要超过 45d，该品种分蘖力较强，一般每亩栽 2.1 万穴，行、株距为 25cm×12.5cm，每穴 2~3 苗，田间最高茎蘖数控制在 32 万个以下。返青期以适当深水保苗有利返青，分蘖期要求浅水促蘖，分蘖后期宜适当晒田控蘖，减少无效分蘖，增加通透性，促进水稻生长健壮，在晒田控蘖时不宜重晒；灌浆成熟期要做到干湿壮籽；黄熟期排水晒田，促进成熟，收割前 7d 左右停水。及时防治病虫害，苗期注意防治稻蓟马、稻飞虱、稻叶蝉、烂秧病等。7 月中下旬至 8 月上旬喷施杀虫双、井冈霉素等药剂防治稻纵卷叶螟、稻飞虱、纹枯病。8 月中下旬至 9 月上旬喷施井冈霉素、杀虫双、吡虫啉等防治稻纵卷叶螟、稻曲病、稻飞虱；预防稻曲病，抽穗前 5～10d 每亩用 5%井冈霉素水剂 150ml 或 20%粉锈宁乳油 75ml 或 12. 5%纹霉清水剂 150ml 对水 50～60kg，喷雾 1～2 次，防治水稻稻曲病。

适宜区域：在鲁南、鲁西南麦茬稻区及东营稻区种植利用。

推广应用情况：该品种正在示范展示阶段（图 6）。

图 6　临稻 24 号

2. 临稻 23 号

育成单位：临沂市农业科学院

育种人：李相奎　金桂秀　张瑞华

审定（登记）编号：鲁审稻 20170043 号

选育经过：以临稻 10 号与盐粳 7 号杂交选育而成。

特征特性：该品种属粳型常规水稻中晚熟品种。株型紧凑，叶色浓绿，剑叶上冲，穗半直立、无芒，谷粒椭圆形。区域试验结果：全生育期 160d，比对照品种临稻 10 号晚熟 1d；平均亩有效穗 25. 0 万穗，成穗率 76. 0%，株高 92. 9cm，穗长 15. 7cm，穗实粒数 113. 4 粒，结实率 84. 5%，千粒重 25. 9g。2014—2015 年经农业部稻米及制品质量监督检验测试中心（杭州）测试：稻谷糙米率 84. 8%，整精米率 71. 8%，长宽比 1. 8，垩白粒率 34. 5%，垩白度

5.0%，胶稠度67mm，直链淀粉含量17.4%。2015年经天津市植物保护研究所抗病性接种鉴定：中感稻瘟病。在2014—2015年全省水稻品种中晚熟组区域试验中，两年平均亩产683.6kg，比对照品种临稻10号增产6.3%；2016年生产试验平均亩产640.4kg，比对照品种临稻10号增产4.3%。

栽培技术要点：适时播种，培育壮秧，一般适宜播种期5月上旬。每亩水育秧的播种量25~30kg，旱育秧的播种量为35~40kg。播种前用25%施保克乳油2 000~3 000倍液浸种3~5d防治恶苗病。旱育秧田最好选择易灌易排、肥力较高的菜园地，如采用大田地，可在冬前冬耕冻垡，秧田地要整平耙细，地无明暗坷垃，做成畦面宽1.3~1.5m，畦埂宽0.2~0.3m的阳埂阴畦；施足基肥，一般亩施圈肥2 500kg，过磷酸钙20~30kg，硫酸钾10~15kg；浇水首先要浇足浇匀，待水下渗后可随即播种，在有机质含量较高，土壤不易板结的地块，可干播种后浇水；每亩秧田播量20~25kg，要撒播均匀，防止出现疙瘩苗，播种量每亩秧田25~30kg。3叶期追施尿素10kg/亩，以培育多蘖壮秧。科学施肥，合理密植，一般每亩施纯氮15kg，每亩氮、磷、钾比例为20：10：12.5；重施基肥，大田中后期少施氮肥，移栽后5~7d，追施返青分蘖肥尿素10kg/亩，后期视苗情补施穗肥，防止追肥过多、过晚，造成贪青晚熟；磷钾肥作基肥施用，钾肥也可在水稻拔节时每亩施用15kg可增强茎秆抗倒性，同时有利于水稻灌浆，提高结实率，在9月上旬喷施磷酸二氢钾等叶面肥，促进籽粒饱满。适期移栽，秧龄不要超过45d，该品种分蘖力强，一般每亩栽2.2万穴，行、株距为25cm×12.5cm，每穴2~3苗，田间最高茎蘖数控制在33万个以下。分蘖期要求浅水促蘖，分蘖后期宜适当晒田控蘖，减少无效分蘖，增加通透性，促进水稻生长健壮，在晒田控蘖时不宜重晒；干旱季节，要抗旱灌水，以免脱水影响稻米的外观品质和蒸煮食用品质；灌浆成熟期要做到干湿壮籽；黄熟期排水晒田，促进成熟，收割前7d左右停水。及时防治病虫害，苗期注意防治稻蓟马、稻飞虱、稻叶蝉、烂秧病等。7 月中下旬至 8 月上旬喷施异稻瘟净、杀虫双、井冈霉素等药剂防治稻瘟病、稻纵卷叶螟、稻飞虱、纹枯病。8 月中下旬至 9 月上旬喷施井冈霉素、杀虫双、吡虫啉等防治稻纵卷叶螟、稻曲病、稻飞虱；预防稻曲病，应在稻穗破口前 5~7d 喷施甲基托布津药防治一次、齐穗期防治一次。同时应加强田间调查，根据病虫发生情况及时进行防治。

适宜区域： 在鲁南、鲁西南麦茬稻区及东营稻区种植利用。

推广应用情况： 该品种正在示范展示阶段（图 7）。

图 7　临稻 23 号

3. 临稻 22 号

育成单位： 临沂市农业科学院

育种人： 李相奎　金桂秀　张瑞华

审定（登记）编号： 鲁农审 2016038 号

选育经过： 以临稻 6 号/镇稻 88//临稻 10 号复合杂交选育而成。

特征特性： 该品种属粳型常规水稻中晚熟品种，株型紧凑，叶片绿色，剑叶长宽中等、上冲，穗棒状半直立、间或短顶芒，谷粒椭圆形。区域试验结果：全生育期 151. 7d，比对照品种临稻 10 号早熟 2d，平均亩有效穗 24. 0 万穗，成穗率 80. 0%，株高 95. 3cm，穗长 16. 5cm，穗实粒数 116. 9 粒，结实率 87. 8%，千粒重 26. 2g。2013 年经农业部稻米及制品质量监督检验测试中心（杭州）测试：稻谷糙米率 84.4%，整精米率 72.5%，垩白粒率 9%，垩白度 1.3%，直链淀粉含量 16.3%，胶稠度 76mm，米质达国标优质 2 级。2013 年经天津市植物保护研究所抗病性接种鉴定：中抗稻瘟病。产量表现：在 2012—2013 年全省水稻品种中晚熟组区域试验中，两年平均亩产 669.6kg，比对照临品种稻 10 号增产 6.8%；2014 年生产试验平均亩产 659.7kg，比对照品种临稻 10 号增产 7.1%。

栽培技术要点：适时播种，培育壮秧，一般适宜播种期 5 月上旬。每亩水育秧的播种量 25~30kg，旱育秧的播种量为 35~40kg。播种前用 25%施保克乳油2 000~3 000倍液浸种 3~5d 防治恶苗病。旱育秧田最好选择易灌易排、肥力较高的菜园地，如采用大田地，可在冬前冬耕冻垡，秧田地要整平耙细，地无明暗坷垃，做成畦面宽 1.3~1.5m，畦埂宽 0.2~0.3m 的阳埂阴畦；施足基肥，一般亩施圈肥2 500kg，过磷酸钙 20~30kg，硫酸钾 10~15kg；浇水首先要浇足浇匀，待水下渗后可随即播种，在有机质含量较高，土壤不易板结的地块，可先播种后浇水；要撒播均匀，防止出现疙瘩苗。3 叶期追施尿素 7.5kg/亩，以培育多蘖壮秧。科学施肥，合理密植，一般每亩施纯氮肥 15kg，每亩氮、磷、钾比例为 20∶10∶12.5；重施基肥，大田中后期少施氮肥，移栽后 5~7d，追施返青分蘖肥尿素 10kg/亩，后期视苗情补施穗肥，防止追肥过多、过晚，造成贪青晚熟；磷钾肥作基肥施用，钾肥也可在水稻拔节时每亩施用 15kg 可增强茎秆抗倒性，同时有利于水稻灌浆，提高结实率，在 9 月上旬喷施磷酸二氢钾等叶面肥，促进籽粒饱满。适期移栽，秧龄不要超过 45d，该品种分蘖力强，一般每亩栽 2.2 万穴，行、株距为 25cm×12.5cm，每穴 2~3 苗，田间最高茎蘖数控制在 35 万以下。合理灌溉，浅水插秧，寸水活棵，薄水分蘖，分蘖数达到预定穗数的 80%时烤田，控制无效分蘖。孕穗期至齐穗期保持浅水层，灌浆期至成熟期保持田间湿润，间歇灌溉，收割前 7d 左右停水。及时防治病虫害，苗期注意防治稻蓟马、稻飞虱、稻叶蝉、烂秧病等。7 月中下旬至 8 月上旬喷施杀虫双、井冈霉素等药剂防治稻纵卷叶螟、稻飞虱、纹枯病。8月中下旬喷施井冈霉素、杀虫双、吡虫啉等防治稻纵卷叶螟、稻曲病、稻飞虱；预防稻曲病，应在稻穗破口前5~7d喷施甲基托布津药防治一次、齐穗期防治一次。同时应加强田间调查，根据病虫发生情况及时进行防治。

适宜区域：在鲁南、鲁西南麦茬稻区及东营稻区种植利用。

推广应用情况：累计推广种植32.5万余亩，增收稻谷230余万kg，累计增加经济效益860余万元（图8至图10）。

图8　临稻22号田间长相

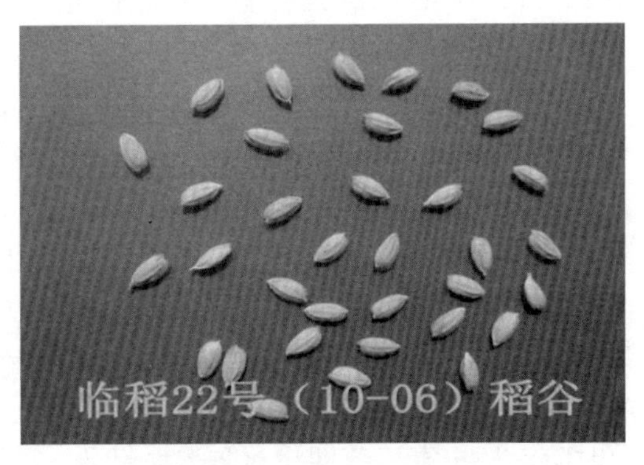

图9　临稻22号稻谷

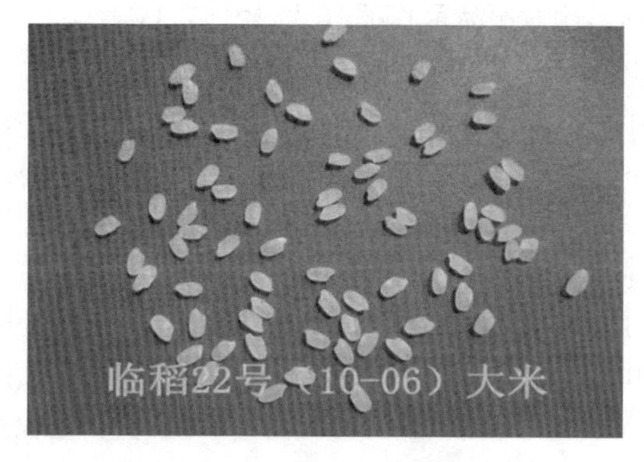

图10　临稻22号大米

4. 临稻21号

育成单位：临沂市农业科学院

育种人：李相奎　金桂秀　张瑞华

审定（登记）编号：鲁农审2015024号

选育经过：以临稻10号为母本，镇稻88为父本杂交，采用系谱法选育而成。

特征特性：属中晚熟品种。株型紧凑，叶片绿色，剑叶长宽中等、上冲，穗棒状半直立、间或短顶芒，谷粒椭圆形。区域试验结果：全生育期151.7d，比对照品种临稻10号早熟2d，平均亩有效穗24.0万穗，成穗率80.0%，株高95.3cm，穗长16.5cm，穗实粒数116.9粒，结实率87.8%，千粒重26.2g。2013年经农业部稻米及制品质量监督检验测试中心（杭州）测试：稻谷糙米率84.4%，整精米率72.5%，垩白粒率9%，垩白度1.3%，直链淀粉含量16.3%，胶稠度76mm，米质达国标优质2级。2013年经天津市植物保护研究所抗病性接种鉴定：中抗稻瘟病。产量表现：在2012—2013年全省水稻品种中晚熟组区域试验中，两年平均亩产669.6kg，比对照品种临稻10号增产6.8%；2014年生产试验平均亩产 659.7kg，比对照品种临稻 10 号增产 7.1%。

栽培技术要点：适时播种，培育壮秧，一般适宜播种期 5 月上旬。每亩水育秧的播种量 25~30kg，旱育秧的播种量为 35~40kg。播种前用 25%施保克乳油2 000~3 000倍液浸种 3~5d 防治恶苗病。旱育秧田最好选择易灌易排、肥力较高的菜园地，如采用大田地，可在冬前冬耕冻垡，秧田地要整平耙细，地无明暗坷垃，做成畦面宽 1.3~1.5m，畦埂宽 0.2~0.3m 的阳埂阴畦；施足基肥，一般亩施圈肥2 500kg，过磷酸钙 20~30kg，硫酸钾 10~15kg；浇水首先要浇足浇匀，待水下渗后可随即播种，在有机质含量较高，土壤不易板结的地块，可干播种后浇水；每亩秧田播量 20~25kg，要撒播均匀，防止出现疙瘩苗，播种量每亩秧田 25~30kg。3 叶期追施尿素 10kg/亩，以培育多蘖壮秧。科学施肥，合理密植，一般每亩施纯氮 15kg，每亩氮、磷、钾比例为 20∶10∶12.5；重施基肥，大田中后期少施氮肥，移栽后 5~7d，追施返青分蘖肥尿素 10kg/亩，后期视苗情补施穗肥，防止追肥过多、过晚，造成贪青晚熟；磷钾肥作基肥施用，钾肥也可在水稻拔节时每亩施用 15kg 可增强茎秆抗倒性，同时有利于水稻灌浆，提高结实率，在 9 月上旬喷施磷酸二氢钾、天达 2116 等叶面肥，促进籽粒饱满。适期移栽，秧龄不要超过 45d，该品种分蘖力强，一般每亩栽 2.2 万穴，行、株距为 25cm×12.5cm，每穴 2~3 苗，田间最高茎蘖数控制在 35 万个以下。合理灌溉，浅水插秧，寸水活棵，薄水分蘖，分蘖数达到预定穗数的 80%时烤田，控制无效分蘖。孕穗期至齐穗期保持浅水层，灌浆期至成熟期保持田间湿润，间歇灌溉，收割前 7d 左右停水。及时防治病虫害，苗期注意防治稻蓟马、稻飞虱、稻叶蝉、烂秧病等。7 月中下旬至 8 月上旬喷施杀虫双、井冈霉素等药剂防治稻纵卷叶螟、稻飞虱、纹枯病。8 月中下旬至 9 月上旬喷施井冈霉素、杀虫双、吡虫啉等防治稻纵卷叶螟、稻曲病、稻飞虱；预防稻曲病，应在稻穗破口前 5~7d 喷施甲基托布津药防治一次、齐穗期防治一次。同时应加强田间调查，根据病虫发生情况及时进行防治。

适宜区域：在鲁南、鲁西南麦茬稻区及东营稻区种植利用。

推广应用情况：累计推广种植 46.5 万余亩，增收稻谷 2 760 余万 kg，尤其在淮北稻区应用，节本增效十分显著，累计增加经济效益 1.16 亿元（图 11）。

图 11　临稻 21 号

5. 临稻 19 号

育成单位：临沂市农业科学院

育种人：金桂秀　李相奎

审定（登记）编号：鲁农审 2012023 号

选育经过：以中部 67 为母本，镇稻 99 为父本杂交，采用系谱法选育而成临稻 19 号。

特征特性：该品种属粳型常规水稻中早熟品种，全生育期 148d，株型紧凑，剑叶中长直立；穗长中等、半直立穗，结实率高，籽粒椭圆形，后期转色好。亩有效穗数 26.1 万穗，株高 94cm，穗长 16cm，穗实粒数 108.1 粒，结实率 85.5%，千粒重 25.0g。2009 年经农业部稻米及制品质量监督检测中心（杭州）测试：稻谷糙米率 82.8%，整精米率 70.6%，垩白粒率 26%，垩白度 2.8%，直链淀粉含量 15.5%，胶稠度 67mm，米质达国标优质 3

级。2009 年经天津市植物保护研究所抗病性接种鉴定：中感稻瘟病。2009—2010 两年区域试验平均亩产 546. 5kg，比对照品种津原 45 增产 13. 7%；2011 年生产试验平均亩产 545. 6kg，比对照品种津原 45 增产 11. 7%。

栽培技术要点：适时播种自 5 月 1—5 日开始，浸种 2～3d，浸种药剂选用使百克或咪鲜胺，预防恶苗病、稻曲病、线虫等，秧田播种量 600～750kg/hm^2。芽前除草一般施用噁草酮 5. 25kg/hm^2 和丁草胺 4. 5kg/hm^2，按 1∶200 比例对水，均匀喷雾做土表药剂封闭，芽后除草在稗草 1. 5～2 叶期施药，用 10%氰氟草酯（千金）450～750ml（有效成分 45～75g）/hm^2，对水 450～600L，茎叶喷雾。本田期管理，以 6 月 15—25 日移栽为宜；合理施肥，控氮增钾掌握前重后轻的原则，底肥施碳酸氢铵 750kg/hm^2，磷酸二铵 225kg/hm^2，钾肥 225kg/hm^2、锌肥 30kg/hm^2；移栽后 5～7d 追施分蘖肥尿素 150kg/hm^2，整个大田期亩施纯氮肥一般不宜超过 262. 5kg/hm^2，中后期尽量少施或不施氮肥，防止氮肥过多，造成贪青晚熟，同时还能达到节肥增效之目的。提倡小麦秸秆还田，增加土壤有机质，改善土壤团粒结构，提高土壤蓄肥保水能力，改善田间生态小气候，提高土壤通透性，促进有益微生物的活动，使得水稻根系发达，植株健壮，抗病抗倒抗冷性增强，既提高产量又显著改善品质。适期移栽，秧龄不要超过 45d，该品种分蘖力强，一般每亩栽 2. 2 万穴，行、株距为 25cm×12. 5cm，每穴 2～3 苗，田间最高茎蘖数控制在 35 万个以下。合理灌溉，浅水插秧，寸水活棵，薄水分蘖，分蘖数达到预定穗数的 80%时烤田，控制无效分蘖。孕穗期至齐穗期保持浅水层，灌浆期至成熟期保持田间湿润，间歇灌溉，收割前 7d 左右停水。及时防治病虫害，苗期注意防治稻蓟马、稻飞虱、稻叶蝉、烂秧病等。7 月中下旬至 8 月上旬喷施杀虫双、井冈霉素等药剂防治稻纵卷叶螟、稻飞虱、纹枯病。8 月中下旬至 9 月上旬喷施三环唑、井冈霉素、杀虫双、扑虱灵等防治穗颈稻瘟病、稻曲病、稻飞虱；预防稻瘟病应在稻穗破口前 5～7d

喷施三环唑或异稻瘟净、爱苗药剂防治一次、齐穗期防治一次。同时应加强田间调查，根据病虫发生情况及时进行防治。

适宜区域：在鲁北沿黄稻区及临沂、日照稻区作为中早熟稻种植利用。

推广应用情况：累计推广种植 145 万余亩，增收稻谷 7 300余万 kg，尤其在东营稻区作为夏直播稻应用，节本增效十分显著，累计增加经济效益 3.32 亿元（图 12、图 13）。

图 12　临稻 19 号田间

图 13　临稻 19 号大米

6. 临旱1号

育成单位：临沂市水稻研究所

育种人：马宗国　张自奋　刘丽娟

审定（登记）编号：国审稻2010054号

选育经过：临旱1号是原临沂市水稻研究所以临稻10号为母本，临稻4号为父本进行有性杂交，F_1再与郑州早粳复交，经系谱法选育而成，2008—2009年参加全国黄淮稻区麦茬直播稻区域试验，表现突出，2009年同时参加生产试验。2010年9月9日经第二届国家农作物品种审定委员会第四次会议审定通过。

特征特性：该品种属粳型常规旱稻。在黄淮海地区作麦茬旱稻种植全生育期125d，比对照品种旱稻277晚熟8d。株高81.3cm，穗长13.9cm，每穗粒数96.9粒，结实率80.1%，千粒重26.4g。抗性：稻瘟病综合抗性指数4.7，穗颈瘟损失率最高级5级；抗旱性5级。米质主要指标：整精米率70.5%，垩白粒率31.5%，垩白度2.3%，胶稠度82mm，直链淀粉含量16.7%。

产量表现：2008年参加黄淮海麦茬稻区旱稻品种区域试验，平均亩产340.8kg，比对照品种旱稻277增产10.4%（极显著）；2009年续试，平均亩产352.9kg，比对照品种旱稻277增产16.1%（极显著）。两年区域试验平均亩产346.9kg，比对照品种旱稻277增产13.2%，增产点比例77.3%。2009年生产试验，平均亩产347.2kg，比对照品种旱稻277增产19.2%。

栽培技术要点：①种子处理。播前种衣剂拌种，防地下害虫和促壮苗。②播种。该品种生育期稍长，应适当早播，黄淮地区一般应在6月15日前播种，每亩播量控制在7.5kg以下，条播，播深2~3cm，行距27~30cm，播后浇蒙头水。③除草。用旱稻田除草剂于播后苗前实施“土壤封闭”或于幼苗期“茎叶处理”后，辅以人工除草。④肥水管理。每亩总施氮量控制在16kg，氮磷钾总体用量比例为2：1：1.5，基肥追肥比例为7：3，基肥亩施三元复合肥 15~20kg，加施硫酸锌 1.5kg；4~5 叶期每亩追施尿素 7.5~10kg，拔节期每亩追施尿素 3~5kg，抽穗至灌浆期可酌情进行叶面喷施 0.3%磷酸二氢钾 2~3 次，防止后期早衰。苗出齐后视情况酌情补水，在苗期、拔节期、孕穗至齐穗期、灌浆期遭遇干旱，应及时灌溉。⑤病虫防治。注意防治纹枯病、稻瘟病、条纹叶枯病以及稻纵卷叶螟、稻飞虱等病虫害。

审定意见：该品种符合国家稻品种审定标准，通过审定。该品种丰产性、稳产性好，抗倒能力强，抗旱能力中等，中感稻瘟病，米质较优。适宜在河南省、江苏省、安徽省和山东省的黄淮流域作夏播旱稻种植。

推广应用情况：该品种审定后就着手品种权保护工作，于 2010 年 11 月 24 日申请保护，2011 年 3 月 1 日公告，2015 年 11 月 1 日授权，品种权号 CNA20100971.9。同时该品种权被江苏省连云港市天翔种业买断，几年来，该公司在江苏、山东、河南和安徽省的适宜地区大面积推广，年推广面积 50 万亩左右。获得较好的经济效益和社会效益（图 14）。

图 14　临旱 1 号

7. 临稻 15 号

育成单位：临沂市水稻研究所

育种人：李相奎

审定（登记）编号：鲁农审2008025号

选育经过：以临稻10号为母本、临稻4号为父本，经有性杂交采用系谱法系统选育而成。

特征特性：全生育期156d，比对照品种豫粳6号早熟2d。亩有效穗23.2万穗，株高98.6cm，穗长15.0cm，每穗总粒数129.0粒，结实率84.0%，千粒重25.6g。糙米率86.7%，精米率77.9%，整精米率76.1%，垩白粒率11%，垩白度0.8%，直链淀粉含量17.0%，胶稠度84mm，米质符合二等食用粳稻标准。中感苗瘟、穗颈瘟，白叶枯病苗期感病，成株期中感。田间调查条纹叶枯病最重点病穴率8.3%，病株率1.9%。

产量表现：2005—2006年区域试验平均亩产589.9kg，比对照品种豫粳6号增产10.6%；2007年生产试验平均亩产589.4kg，比对照品种临稻10号增产2.7%。

栽培技术要点：①适时播种，培育壮秧，一般适宜播种期5月1—5日。每亩水育秧的播种量25~30kg，旱育秧的播种量为35~40kg。播种前用25%施保克乳油2 000~3 000倍液浸种3~5d防治恶苗病。②旱育秧田最好选择易灌易排、肥力较高的菜园地，如采用大田地，可在冬前冬耕冻垡，秧田地要整平耙细，地无明暗坷垃，做成畦面宽1.3~1.5m，畦埂宽0.2~0.3m的阳埂阴畦；施足基肥，一般亩施圈肥2 500kg，过磷酸钙20~30kg，硫酸钾10~15kg；浇水首先要浇足浇匀，待水下渗后可随即播种，在有机质含量较高，土壤不易板结的地块，可干播种后浇水；每亩秧田播量20~25kg，要撒播均匀，防止出现疙瘩苗。③田间管理：稻苗在三叶期前不能浇水，浇水易出现黄萎苗，而易形成僵苗，遇雨要及时划锄破除板结。四叶后遇旱及时浇水，若插秧期临近苗子过矮过小，可多浇两遍水，促其快发，反之，秧苗过高过大，要严控浇水。浇水时，可视苗情适当追肥，一般亩施尿素10kg，拔秧前6~7d亦可适当追施送嫁肥。田间除草常用的芽前除草剂有丁草胺、农思它，牙后除草剂有敌稗、千金等，注意喷药时要适量均匀，防止出现药害。秧苗期病虫害主要是苗瘟，可用多菌灵、稻瘟净等进行防治。本田期管理要施足基肥，亩施圈肥2 500kg，碳酸氢铵50kg，硫酸钾复合肥30～40kg，或用过磷酸钙40kg，硫酸钾10～15kg，硫酸锌2～3kg，合理密植，保证插秧质量，插秧时间一般在6月25日前后插完，行、株距为25cm×12cm，亩插2.2万穴，每穴插苗2～3株；插秧后5～7d结合施用除草剂，亩施尿素5kg，8月上旬追施尿素10kg，硫酸钾15kg，以满足其抽穗期对肥水的需要；整个生育期间，要保持浅水分蘖，分蘖数达到预定穗数的80%时烤田，控制无效分蘖。孕穗期至齐穗期保持浅水层，灌浆期至成熟期保持田间湿润，间歇灌溉，收割前7d左右停水。④及时防治病虫草害。临稻15号对稻瘟病、纹枯病、条纹叶枯病有较强的抗性，但对虫害应加强防治，如二化螟、稻纵卷叶螟、稻飞虱等。秧田三遍药，第一遍在3叶期后，用氧化乐果、吡虫啉等杀灭灰飞虱、稻蓟马、叶蝉等，预防条纹叶枯病；第二遍在麦收前1～3d，用锐劲特或吡虫啉、氟虫睛等防治灰飞虱、蓟马、叶蝉和钻心虫等；第三遍在插秧前1～2d用锐劲特或吡虫啉、氟虫睛等再喷一遍，防治越冬代钻心虫（三化螟）及灰飞虱、蓟马、叶蝉。大田三遍药，第一遍7月中旬前后喷施井冈霉素、锐劲特等防治纹枯病和第一代二化螟和稻纵卷叶螟、稻苞虫等；第二遍在8月上旬、第三遍在8月下旬即抽穗前后用锐劲特、氟虫睛、甲基托布津等各喷药一遍，重点防治穗颈瘟、白叶枯和稻纵卷叶螟、稻飞虱等病虫害。特殊年份还应根据田间病虫害的具体发生危害情况加强防治。在9月上旬视水稻长势情况可建议喷施磷酸二氢钾、壮多收、叶霸等叶面肥，促进灌浆成熟，提高产量和品质。10月中旬水稻黄熟后择日收获，晒干储藏。

适宜区域：在鲁南、鲁西南地区作为麦茬稻推广利用。

推广应用情况：累计推广种植85万余亩，增收稻谷5 100余万kg，增加社会经济效益1.02亿元（图15）。

图 15　临稻 15 号

8. 临稻 13 号

育种单位：临沂市水稻研究所

育种人：曹德强

审定（登记）编号：鲁农审 2008026 号

选育经过：常规品种系 89-27-1 与盘锦 1 号杂交后系统选育。

特征特性：该品种属粳型常规水稻中早熟品种。区域试验结果：全生育期 149d，比对照品种香粳 9407 早熟 1d。该品种株高 87.6cm，株型较紧凑，叶片上冲、叶色浓绿，茎秆比较粗壮，分蘖力中等，半直立穗。每亩有效穗数 24.6 万穗，穗长 13.7cm，每穗总粒数 101.9 粒，结实率 88.5%，千粒重 27.8g。灌浆速度中等有两次灌浆现象，后期转色好，结实率较高。2006 年经农业部稻米及制品质量监督检测中心（杭州）品质分析：稻谷出糙率 84.4%，精米率 75.1%，整精米率 73.3%，垩白粒率 30%，垩白度 3.2%，直链淀粉含量 16.0%，胶稠度 76mm，米质符合三等食用粳稻标准。2005 年经中国水稻研究所抗病性鉴定：中感苗瘟，中抗穗颈瘟，中感白叶枯病。

产量表现：在 2005—2006 年山东全省水稻品种中早熟组区域试验中，两年平均亩产 558.9kg，比对照品种香粳 9407 增产

15.7%；2007 年生产试验平均亩产 585.8kg，比对照品种香粳 9407 增产 13.1%。

栽培技术要点：①适时稀播，培育壮秧，秧田应施足基肥，播前晒种 1d，并用使百克与吡虫啉浸种消毒预防水稻恶苗病，鲁南稻区一般 5 月上旬播种，每亩秧田播种量 40~45kg，3 叶期追施尿素 7.5kg/亩，以培育多蘖壮秧。②及时移栽，合理密植，临稻 13 号分蘖力中等，应插足基本苗，一般每亩栽 2.0 万~2.2 万穴，每穴 3~5 苗，基本苗 6.6 万~88 万株，6 月下旬栽完。③科学调控肥水均衡配方施肥是控制群体动态最重要因素，试验结果表明，临稻 13 号产量在 650kg 以上时，需纯氮肥约 20kg，氮磷钾比例为 1：0.5：0.8。移栽后 5~7d 施尿素 12kg 左右作返青分蘖肥，大田中后期尽量少施氮肥，在水稻孕穗拔节时酌施钾肥，以促秆硬，大穗大粒，增强植株抗倒能力，提高结实率和千粒重，增加产量。浇水掌握浅水插秧，寸水活棵，薄水分蘖，移栽后若出现黄苗，应及时喷施微肥，分蘖数达到预定穗数的 80%时烤田，控制无效分蘖。孕穗至齐穗期保持浅水层，灌浆至成熟期保持田间湿润，干干湿湿，提高田间通透性，增强根系活力；成熟前 5~7d 断水，切忌断水过早，以利养根活叶，使其活秆成熟。④及时防治病虫草害。苗期注意防治稻蓟马、稻飞虱、稻叶蝉、烂秧病等。7 月中下旬至 8 月上旬喷施毒死蜱、井冈霉素等药剂防治稻纵卷叶螟、稻飞虱、纹枯病。8 月中下旬至 9 月上旬喷施三环唑、井冈霉素、杀虫双、扑虱灵等防治穗颈稻瘟病、稻曲病、稻飞虱；预防稻瘟病和稻曲病，应在稻穗破口前 5~7d 喷施三环唑或异稻瘟净、爱苗、甲基托布津药防治一次、齐穗期防治一次。同时应加强田间调查，根据病虫发生情况及时进行防治。在水稻生育期间，以化学除草为主，人工拔草为辅。临稻 13 号中感条纹叶枯病，该病近年发生较重，灰飞虱是该病的传播源，防治灰飞虱关键在秧田期要做到勤防统防，一般 5~7d 防治 1 次。

适宜区域：在临沂库灌稻区、沿黄稻区推广利用。

推广应用情况： 累计示范推广 93.5 万余亩，增收稻谷 5 025 余万 kg，增加社会经济效益 1.05 亿元。有力推动了优质稻米、有机稻米生产，改善和提高了人民生活水平（图 16）。

图 16　临稻 13 号

9. 临稻 12 号

育成单位： 临沂市水稻研究所

育种人： 李相奎

审定（登记）编号： 鲁农审 2006038 号

选育经过： $^{60}Co-\gamma$ 射线 4 万伦琴辐射处理豫粳 6 号选育而成。

特征特性： 全生育期 155d（比对照品种豫粳 6 号早熟 2d）。株高 102cm，株型紧凑，叶色淡绿，直穗型，穗长 16cm。分蘖力强，亩有效穗 24.9 万穗，成穗率 75%，穗实粒数 91 粒，空秕率 20.8%，千粒重 24.5g。糙米率 83.9%，精米率 76.8%，整精米率 73.8%，粒长 5.2mm，长宽比 1.9，垩白粒率 34%，垩白度 4.9%，透明度 2 级，碱消值 7 级，胶稠度 65mm，直链淀粉含量 18.2%，蛋白质含量 10.2%，米质符合三等食用粳稻品种品质要求。中感苗瘟、穗颈瘟，白叶枯病苗期感病、成株期中抗。2003—2004 年区域试验中，两年平均亩产 503.1kg，比对照品种豫粳 6 号增产 8.1%；2005 年生产试验平均亩产 508.5kg，比对照品种豫粳 6 号增产 2.6%。

栽培技术要点：①适时浸种。山东主稻区自5月1日开始，浸种5~7d，浸种药剂选用使百克或恶线清，预防恶苗病、稻曲病、线虫等。②稀落谷、育壮秧。不管旱育还是水育，大田用种量一般为45~52.5kg/hm²，最多不超过60kg/hm²。秧田芽前除草一般施用农思它4.5kg/hm²和丁草胺4.5kg/hm²按1：200比例对水，均匀喷雾做土表药剂封闭；土干时须加大对水量。芽后除草一般在稗草两叶期施用敌稗15kg/hm²分两天两次按1：60比例对水喷雾，或用杀稗王和稻农乐混配按1：60比例对水喷雾除草。③合理施肥、控氮增钾。掌握前重后轻的原则，也可“一炮轰”。大田底肥施碳酸氢铵750kg/hm²或尿素112.5~300kg/hm²，配合磷酸二铵225kg/hm²、钾肥225kg/hm²、锌肥30kg/hm²；也可施三元复合肥900~1 125kg/hm²，配合锌肥30kg/hm²。追肥分两次：移栽后5~7d追分蘖肥施尿素112.5kg/hm²，拔节孕穗初期（7月20日前后）追尿素75kg/hm²、钾肥150kg/hm²。整个大田期亩施纯氮不宜超过285kg/hm²。大田中后期尽量少施或不施氮肥，防止氮肥过多，造成贪青晚熟，同时还能达到节肥增效之目的。④宽行密墩。该品种分蘖力强，应加宽行距，插秧时等行距25~30cm或大小行，大行30~40cm，小行15~20cm，墩距10~12cm，每墩2~3苗，切忌超过3苗。⑤病虫早防治。以防为主，秧田三遍药，第一遍在3叶期后，用氧化乐果、吡虫啉等杀灭灰飞虱，可预防条纹叶枯病等病毒病传播；第二遍在麦收前1~3d，用杀虫剂防治灰飞虱、蓟马和钻心虫；第三遍在插秧前1~2d用杀虫剂再喷一遍，防治越冬代钻心虫（三化螟）。大田三遍药，第一遍在7月20日前后喷施杀菌剂和杀虫剂防治纹枯病和第一代钻心虫；第二遍、第三遍在8月中下旬即抽穗前后各喷药一遍，重点防治穗颈瘟、白叶枯和稻纵卷叶螟、稻飞虱等病虫害。后期喷施叶面肥，在9月上旬喷施磷酸二氢钾、壮多收、叶霸等叶面肥，促进籽粒饱满。⑥灌水技巧。寸水活棵、薄水分蘖，返青后坚持干湿交替，适时烤田，控制无效分蘖。特别是中后期不宜长期泡深水。灌浆成熟充分，籽粒饱满、高产稳产。

适宜区域：适宜在鲁南库灌稻区、鲁西南湖滨稻区作为麦茬稻推广种植，也可在苏北、豫北豫粳6号适宜区做麦茬稻以及鲁北做春稻示范种植。建议作为生产优质稻米、有机稻米主选品种示范应用。

推广应用情况：累计示范推广87万余亩，增收稻谷4 350余万kg，增加社会经济效益9 400余万元。有力推动了优质稻米、有机稻米生产，改善和提高了人民生活水平（图17）。

图17　临稻12号

10. 临稻10号

选育单位：临沂市水稻研究所

育种人：杨英民　诸葛建堂　刘桂启　薛明儒　赵理　赵秀山　张自奋　陈祖光

审定（登记）编号：鲁农审字〔2002〕015号

选育经过：亲本组合为临89-27-1与日本晴，1990年杂交，1992、1993、1994年时代分离后趋向稳定。1990年（F_0）→1991年（F_1）→1992年（F_2）→1993年（F_3）→1994年（F_4）→1995年（代号94-7）趋向稳定。杂交组合的配制和杂交时代的分离在临沂市水稻研究所进行，高代繁育与系统选择品比在临沂市水稻研究所与繁育基地同时进行，品系 94-7 稳定后采用旱育稀薄壮秧、单株插秧高倍繁殖，年度间高倍繁殖系数可达3 000倍以上，为审定后加快推广应用打下了坚实的基础。

特征特性：该品种属晚熟品种，全生育期 157d，株高约 95cm，直穗，分蘖力较强，株型紧凑，剑叶宽短、上举，叶色浓绿。亩有效穗 22.8 万穗；穗实粒数平均 107 粒；千粒重 24.8g。稻瘟病轻度或中等发生，纹枯病轻度发生，抗倒性好。经农业部稻米及制品质量监督检验测试中心测试：整精米率 65.2%、长宽比 1.7、碱消值 7.0 级、胶稠度 77mm、直链淀粉含量 16.5%、蛋白质含量 11.9%，六项指标达部颁优质米一级标准；糙米率 82.9%、精米率 73.9%、垩白度 1.8%，三项指标达部颁优质米二级标准。1999—2000 年参加山东省水稻品种区域试验，两年平均亩产 597.9kg，比对照品种圣稻 301 增产 17.8%。2001 年参加山东省水稻生产试验，平均亩产 587.9kg，比对照品种圣稻 301 增产 24.2%。

栽培技术要点：培育壮秧，搞好种子处理，进行药剂浸种防止恶苗病发生，秧田每亩用种量 15~20kg。适时插秧，插秧时间为 6 月 25 日前，插秧规格为行、墩距 25cm×12cm，亩插 2.2 万墩左右，墩插 3~5 茎。科学运筹肥水，插秧后 5~7d 追施尿素亩 5kg/亩，8 月初追施尿素 10kg/亩，硫酸钾复合肥 15kg/亩，氯化钾肥 5~10kg/亩。在水的管理上，浅水分蘖，亩茎数达到 30 万个左右时烤田，孕穗至开花期保持浅水层，以后湿润管理。适期进行病虫害防治，注意防治纹枯病、稻飞虱、稻纵卷叶螟、二化螟等。

适宜区域：可在济宁滨湖稻区和临沂库灌稻区推广种植。

推广应用情况：在临沂、济宁稻区进行了大面积推广应用，累计推广种植面积 537 万亩，获得了显著的经济效益、生态效益和社会效益（图 18）。

图 18　临稻 10 号

11. 临稻 9 号

育成单位：临沂市水稻研究所

育种人：李相奎

审定（登记）编号：鲁农审字〔2002〕014 号

选育经过：从引进材料 90-247 中发现的优良变异单株，经多年自交育成。

特征特性：该品种属粳型常规水稻中晚熟品种，全生育期 155d，比对照品种圣稻 301 晚熟 5d，株高 90~95cm，分蘖力强，株型紧凑，剑叶宽短、上举，叶色浓绿。直立穗，穗层齐，亩有效穗 21.2 万~30.8 万穗；穗实粒数 87.2 粒，千粒重 25.5g；灌浆速度快，后期转色好，结实率较高。稻瘟病轻度发生、纹枯病中等或重度发生，易感稻曲病。抗倒性较好。经农业部稻米及制品质量监督检验测试中心测试：糙米率 84.2%、精米率 77.5%、整精米率 76.9%、长宽比 1.7、垩白粒率 1%、垩白度 0.2%、碱消值 7 级、胶稠度 100mm、直链淀粉含量 17.3%、蛋白质含量 10.6%，十项指标达部颁优质米一级标准；透明度一项指标达部颁优质米，蒸煮食味品质好。

产量表现：1999—2000 年参加山东省水稻品种区域试验，两年平均亩产 584.3kg，比对照品种圣稻 301 增产 15.1%。2001 年参加全省水稻生产试验，平均亩产 551.4kg，比对照品种圣稻 301 增产 16.5%。

栽培技术要点：适时播种，培育壮秧，一般适宜播种期 5 月 1—5 日。每亩水育秧的播种量 25~30kg，旱育秧的播种量为 35~40kg。播种前用 25%施保克乳油 2 000~3 000倍液浸种 3~5d 防治恶苗病。秧田培肥细整，稀播、匀播，播种量每亩秧田 25~30kg。3 叶期追施尿素 10kg/亩，以培育多蘖壮秧。科学施肥，合理密植，一般每亩施纯氮肥 15kg，每亩氮、磷、钾肥比例为 20：10：12.5；重施基肥，大田中后期少施氮肥，移栽后 5~7d，追施返青分蘖肥尿素 10kg/亩，后期视苗情补施穗肥，防止追肥过多、过晚，造成贪青晚熟；磷钾肥作基肥施用，钾肥也可在水稻拔节时每亩施用 15kg 以增强茎秆抗倒性，同时有利于水稻灌浆，提高结实率，在 9 月上旬喷施磷酸二氢钾、天达 2116 等叶面肥，促进籽粒饱满。适期移栽，秧龄不要超过 45d，该品种分蘖力强，一般每亩栽 2.2 万墩，行、株距为 25cm×12.5cm，每墩 2~3 苗，田间最高茎蘖数控制在 35 万个以下。合理灌溉，浅水插秧，寸水活棵，薄水分蘖，分蘖数达到预定穗数的 80%时烤田，控制无效分蘖。孕穗期至齐穗期保持浅水层，灌浆期至成熟期保持田间湿润，间歇灌溉，收割前 7d 左右停水。及时防治病虫害，苗期注意防治稻蓟马、稻飞虱、稻叶蝉、烂秧病等。7 月中下旬至 8 月上旬喷施杀虫双、井冈霉素等药剂防治稻纵卷叶螟、稻飞虱、纹枯病。8 月中下旬至 9 月上旬喷施三环唑、井冈霉素、杀虫双、扑虱灵等防治穗颈稻瘟病、稻曲病、稻飞虱；预防稻瘟病和稻曲病，应在稻穗破口前 5~7d 喷施三环唑或异稻瘟净、爱苗、甲基托布津等药剂防治一次、齐穗期再防治一次。同时应加强田间调查，根据病虫发生情况及时进行防治。低洼积水田不宜种植。

适宜区域：该品种符合国家稻品种审定标准，通过山东省品种审定委员会审定，适于在济宁滨湖稻区、临沂库灌稻区以及东营、枣庄等地推广种植。

推广应用情况：累计示范推广 110 余万亩，增收稻谷 5 500余万 kg，增加社会经济效益 1.1 亿元（图 19）。

图 19　临稻 9 号

三、大豆新品种

1. 临豆 11 号

育成单位：临沂市农业科学院

育成人：刘玉芹　张素梅

审定（登记）编号：鲁审豆 20190004 号

选育经过：2009 年以“中黄 13”为母本，以“临 502”（为山东省认定品种）为父本进行有性杂交，经南繁加代、北方选育，系圃选育而成，2012 年出圃，编号为 0906-2。2016 年参加山东省夏大豆区域试验时命名为：临豆 11。2016—2017 年参加山东省夏大豆区域试验，2018 年参加山东省夏大豆生产试验，2019 年通过山东省农作物品种审定委员会审定。2019 年参加国家区试与生产试验。

特征特性：夏播生育期 102d 左右，主茎 15 节左右，夏播群体

1.4 万株群体下，株高 60cm 左右，分枝 2 个左右。白花圆叶，灰色茸毛，籽粒椭圆，褐脐，种皮黄色，黄子叶，百粒重 25g，抗病抗倒。

栽培技术要点： 山东省夏播，6 月上旬至下旬播种，采用等行距点播或穴播。适宜密度 0.8 万～1.5 万株/亩，该品种较耐肥水，每亩施 500～1 000kg 腐熟有机肥或 10～15kg 氮磷钾三元复合肥作基肥，初花期追施 10～15kg 氮磷钾三元复合肥。鼓粒期叶面喷施磷酸二氢钾 1～3 次。主要应防治病虫害，特别是开花鼓粒期每隔 7～10d 连续 2～3 次防治刺吸式口器害虫（点蜂缘蝽、飞虱等），防止大豆“症青”的发生。成熟后适时收获。机收的地块在成熟后及时选择晴天无露水后 1～2h 开始机收。根据实际收获的大豆籽粒完整、损失情况，调减转速。

适宜区域： 山东省适宜地区夏大豆品种种植利用。

推广应用情况： 该品种刚通过审定，高产稳产，具有很大的推广前景（图 20）。

图 20　临豆 11 号

2. 临豆 10 号

育成单位： 临沂市农业科学院

育成人： 刘玉芹　宿刚爱　田英欣　刘凌霄　张素梅

审定（登记）编号：国审豆2010008号

选育经过：2000年以中黄13（原代号为中作975）为母本，菏豆12（原代号为菏95-1）为父本进行有性杂交，次年以菏豆12进行回交，系谱选育而成。2005年育成品系，品系代号为512，2006年进行品种比较试验，2006年秋海南南繁一代，2007—2008年参加山东省区域试验，2008—2009年参加国家黄淮海南片区域试验，2009年参加国家黄淮海南片生产试验。2010年9月通过国家审定。2016—2017年参加湖北省区域试验，2018年参加湖北省生产试验。目前已通过品种审定委员会审议，正在公示期。

特征特性：该品种生育期105d，株型收敛，有限结荚习性。株高68.3cm，主茎15.0节，有效分枝1.4个，底荚高度14.7cm，单株有效荚数31.9个，单株粒数69.4粒，单株粒重16.1g，百粒重23.6g。卵圆叶，紫花，灰毛。籽粒椭圆形，种皮黄色、无光，种脐深褐色。接种鉴定，中抗花叶病毒SC3株系，中感抗SC7株系；中抗大豆胞囊线虫病1号生理小种。籽粒粗蛋白含量40.98%，粗脂肪含量20.41%。

栽培技术要点：6月上旬至下旬播种，采用等行距点播或穴播，每亩种植密度1.2万~1.7万株。每亩施500~1 000kg腐熟有机肥或10~15kg氮磷钾三元复合肥作基肥，初花期追施10~15kg氮磷钾三元复合肥。鼓粒期叶面喷施磷酸二氢钾1~3次。主要应防治病虫害，特别是开花鼓粒期每隔7~10d连续2~3次防治刺吸式口器害虫（点蜂缘蝽、飞虱等），防止大豆“症青”的发生。成熟后适时收获。机收的地块在成熟后2~5d选择晴天无露水后1~2h开始机收。根据实际收获的大豆籽粒完整、损失情况，调减转速。

适宜区域：根据中华人民共和国农业部第1453号公告公布，适宜在山东南部、河南南部、江苏和安徽两省淮河以北地区夏播种植。

推广应用情况：该品种以高产稳产赢得人心，在安徽、河南、江苏、山东、湖北广有种植。在黄淮流域，种植面积仅次于中黄13，为种植面积第二大品种（图21）。

图21　临豆10号

3. 临豆9号

育成单位：临沂市农业科学院

育种人：刘玉芹　唐汝友

审定（登记）编号：鲁农审2008028号　国审豆2008006号　国审豆2013015号

选育经过：1996年以豫豆八号（原代号为长叶18）为母本，临沂市农业科学院自选优良品系临135为父本进行有性杂交，系谱选育而成。2002年育成品系，品系代号为747，2003—2004年进行品种比较试验，2005—2006年参加山东省区域试验，2006—2007年参加国家黄淮海南片区域试验，2007年参加山东省生产试验和国家黄淮海南片生产试验。2008年3月通过山东省品种审定委员会审定，同年8月通过国家品种审定委员会审定。

2011—2012年参加国家长江流域片区区域试验，2012年参加国家长江流域片区生产试验，2013再次通过国家品种审定委员会审定。

特征特性：该品种为高蛋白性夏大豆品种。在黄淮流域，平均生育期108d，株高55.6cm，卵圆叶，白花，棕毛，有限结荚习性，株型收敛，主茎13.5节，有效分枝3.0个。单株有效荚数44.1个，单株粒数80.9粒，单株粒重13.7g，百粒重17.3g，籽粒椭圆形、黄色、无光、褐色脐。接种鉴定，中抗花叶病毒SC3株系，抗SC7株系；中抗大豆胞囊线虫病1号生理小种。籽粒粗蛋白含量43.80%，粗脂肪含量19.18%；在长江流域片区栽培，籽粒粗蛋白含量45.59%，粗脂肪含量19.13%。

栽培技术要点：该品种在5月中旬至6月下旬皆可播种，播期越早产量越高，播种越迟产量越低。亩留苗1.2万~1.7万株，土壤肥力高，播种密度小些；肥力低，密度大些，同时注意早播宜稀，迟播宜密。勤中耕除草，开花结荚期酌情追肥，注意防旱排涝，及时防治病虫害，成熟后及时收获。

适宜区域：经山东省农作物品种审定委员会五届五次常委会议审定通过，在鲁南、鲁西南、鲁中、鲁北、鲁西北地区作为夏大豆品种推广利用。根据农业部第1072号公告公布，适宜在山东西南部、江苏省淮河以北地区、安徽省宿州及蒙城地区、河南驻马店地区夏播种植。根据中华人民共和国农业部第2011号公告公布，该品种还适宜在安徽西南部、江西北部、湖北襄阳、陕西南部夏播种植。

推广应用情况：该品种是高产优质广适品种，适播期长，群体自我调节能力强。在各种土壤条件下都能很好生长，在黄淮流域、长江流域广有种植（图22）。

图 22　临豆 9 号

四、花生新品种

1. 临花 16 号

育成单位：临沂市农业科学院

育种人：孙伟　吕敬军　赵孝东　王斌　方瑞元

登记编号：GPD 花生（2019）370023 号

选育经过：临花 16 号是甜花生通过 $^{60}Co-\gamma$ 射线辐射诱变后代系选而成。引进河北甜花生通过 $^{60}Co-\gamma$ 射线辐射，选择优良单株，经海南加代种植成株系。选择产量高，抗病性较强及主茎高、分枝数等农艺性状符合育种目标的株系。表现整齐度一致的优良单株混收，形成品系，进行品比试验及抗逆性鉴定，2016—2017 年参加山东省互助区域试验。

特征特性：普通型。食用、鲜食。春播全生育期125d左右，夏播全生育期115d左右。植株直立、疏枝，连续开花。主茎高53.86cm，侧枝长56.54cm，总分枝数9个，有效分枝数7个，荚果普通型，缩溢浅，果嘴不明显，网纹较浅，种皮深红色，内种皮黄色。百果重215.3g，百仁重73.82g，出米率72.44%。籽仁含油量42.78%，蛋白质含量27.54%，油酸含量38.1%，籽仁亚油酸含量39.3%，茎蔓粗蛋白含量10.1%，蔗糖含量5.38%。高抗青枯病，中抗叶斑病，抗锈病，抗旱性强。

栽培技术要点：①整地和轮作，创造良好的土壤条件。土壤条件对花生产量影响很大，花生是深根作物，要选择耕作层深厚、疏松、肥力较高的土壤种植。注重与玉米、谷子等禾本科作物实行三年以上轮作倒茬，利于前期培育壮苗，增加抗逆性。前茬作物收获后冬前进行深耕翻晒，深度要求达到25~30cm，打破犁底层，加深活土层，彻底疏松土壤，提高土壤通透性和蓄水保肥能力，同时减少越冬病原、虫原基数，减轻翌年危害。早春旋耕整平、整细、疏松、湿润，达到上虚下实后适时播种。②施肥方法。花生所用有机肥、N、P、K肥料，多在播种前作为基肥施用，采取全层施肥方法，以深施为主。基肥的2/3结合耕翻施入犁底、1/3结合春季浅耕或起垄作畦施入浅层以满足生育前期和结果层的需要。钾肥要全部施入结果层以下，防止结果层含K^+过多，影响荚果对Ca^{2+}的吸收，增加烂果。后期根据生长状况喷施叶面肥。如2%尿素溶液、3%过磷酸钙浸提液或0.2%磷酸二氢钾溶液，能在一定程度上防止早衰，促进荚果发育。③合理密植。春播高产栽培每亩0.8万~1万穴，每穴2粒，夏播每亩0.9万~1.1万穴，每穴2粒。具体应据肥力高低而定，依据肥地宜稀，薄地宜密的原则。④适期晚播，调节花生生育进程。播种过早除易发生冻害外，还常常造成开花成针期出现在5月下旬至6月上旬的旱季，影响开花、下针和荚果的形成，使结果期不集中，形成多茬果；而饱果期又正值7、8月的雨季，光照不足，土壤通气不良，荚果发育充实差，并造成发芽烂果，这是造成花生烂果减产的主要原因。一般春天播种前连续 5d，5～10cm 地温稳定在 15℃为播种适期。⑤加强田间管理。旱涝条件下注意抗旱排涝。加强中后期田间管理，保叶防衰，促丰产丰收。⑥适时收获。当地上部茎叶变黄，中下部叶片脱落，果壳硬化、网纹清晰、果壳内侧呈乳白色并捎带黑色，即可收刨、晾晒，当荚果含水量在 10%以下，方可入库。

适宜区域：适宜在山东花生生产区春播种植。

推广应用情况：山东花生主产区进行示范推广（图 23）。

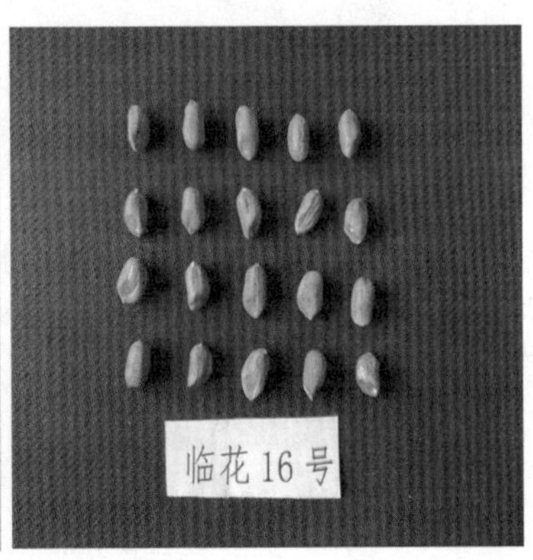

图 23 临花 16 号

2. 临花 17 号

育成单位：临沂市农业科学院

育种人：孙伟 赵孝东 王斌 方瑞元 凌再平

登记编号：GPD 花生（2019）370024 号

选育经过：临花 17 号为品种（系）间杂交后，经系谱法选育而成的花生新品种。选用高产大花生品系 P07－3 为母本，冀花 9813 为父本，搭配杂交组合获得 F_0 代种子；F_1 代剔除杂株混收；F_2 代列为重点选择组合，对结果数多、果型整齐、抗性强、分枝数适中的植株按单株选收；F_3 代将中选单株种植株行，观察结果数、抗逆性、果仁外观品质，在丰产性状好的株行选择单株；F_4 代按株行对中选单株进行混收；F_5 代品系比较，收获时剔除劣株，对表型一致、产量高，抗旱耐涝性强，抗病性较强，果仁外观品质好，主茎高、分枝数等农艺性状符合育种目标的株系进行混收。在临沂市农业科学院试验基地进行品比试验。2016—2017 年参加黄淮海中南片花生联合测试试验。

特征特性：普通型。油食兼用。春播全生育期 130d 左右。植株直立、疏枝，连续开花。主茎高 46cm，侧枝长 48cm，总分枝数 9 个，有效分枝数 8 个，荚果普通型，缩溢浅，果嘴中等，网纹清晰，种皮粉红色，内种皮黄色。百果重 280g，百仁重 122g，出米率 70.2%。抗旱性强，抗涝性中等，抗倒伏能力强。籽仁含油量 51.01%，蛋白质含量 23.73%，油酸含量 44.25%，籽仁亚油酸含量 34.45%，茎蔓粗蛋白含量 9.1%，粗纤维含量 6.8%。高抗青枯病，中抗叶斑病，抗锈病。

栽培技术要点：①种子处理。花生剥壳前进行晒种；晾晒后挑选无霉变且饱满的花生荚果，选择粒大饱满、无病斑、无破损的籽粒作种子；用杀菌剂、杀虫剂进行拌种。②地块选择。地块平整、肥力中上等的沙土或壤土。前茬作物收获后冬前进行深耕翻晒，深度要求达到 25~30cm，打破犁底层，加深活土层，彻底疏松土壤，提高土壤通透性和蓄水保肥能力，同时减少越冬病原、虫原基数，减轻翌年危害。早春旋耕整平、整细、疏松、湿润，达到上虚下实后适时播种。③播期。春播于 4 月中下旬至 5 月上旬连续 5d，5~10cm 地温稳定在 15℃播种。④播种密度。每亩 9 000~10 000 穴，每穴 2 粒。⑤肥水管理。基肥以农家肥和氮磷钾复合肥为主，辅以微量元素肥料。每亩施2 000~2 500kg 优质农家肥，15kg 氮磷钾复合肥或不少于 15kg 花生专用肥。干旱时及时浇水，开花后要保证水分充足供应，特别是浇好开花期、饱果成熟期两次水。高水肥地块，及时控旺。⑥病虫害防治。花生生育期间，应注意网斑病、白绢病、茎腐病、青枯病等病害的发生，及时防治蚜虫、蛴螬等害虫危害。⑦适时收获。当地上部茎叶变黄，中下部叶片脱落，果壳硬化、网纹清晰、果壳内侧呈乳白色并捎带黑色，即可收刨、晾晒，当荚果含水量在10%以下，方可入库。

适宜区域：适宜在黄淮海花生产区春播种植。

推广应用情况：山东、河南花生主产区进行示范推广（图24）。

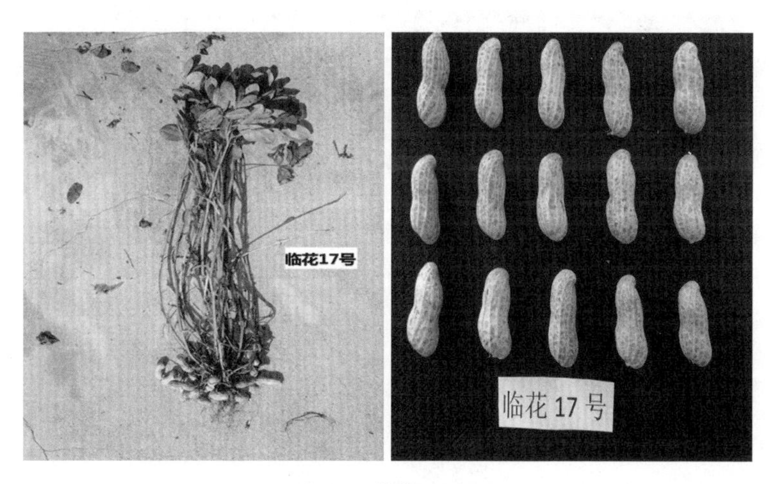

图24　临花17号

3. 临花18号

育成单位：临沂市农业科学院

育种人：孙伟　赵孝东　方瑞元　王斌　凌再平

登记编号：GPD花生（2019）370025号

选育经过：临花18号为品种（系）间杂交后，经系谱法选育而成的花生新品种。选用高产大花生品系P09-6为母本，F18为父本，搭配杂交组合获得F_0代种子；F_1代剔除杂株混收；F_2代列为重点选择组合，对结果数多、果型整齐、抗性强、分枝数适中的植株按单株选收；F_3 代将中选单株种植株行，观察结果数、抗逆性、果仁外观品质，在丰产性状好的株行选择单株；F_4 代按株行对中选单株进行混收；F_5 代品系比较，收获时剔除劣株，对表型一致、产量高，抗旱耐涝性强，抗病性较强，果仁外观品质好，主茎高、分枝数等农艺性状符合育种目标的株系进行混收。在临沂市农业科学院试验基地进行品比试验。2016—2017 年参加山东省花生互助区域试验。

特征特性：普通型。油食兼用。春播全生育期 132d 左右。植株直立、疏枝，连续开花。主茎高 45cm，侧枝长 47cm，总分枝数 8 个，有效分枝数 7 个，荚果普通型，缩溢浅，果嘴不明显，网纹清晰，种皮粉红色，内种皮黄色。百果重 242g，百仁重 126g，出米率 70. 7%。籽仁含油量 54. 66%，蛋白质含量 21. 3%，油酸含量 44. 5%，籽仁亚油酸含量 32. 45%，茎蔓粗蛋白含量 8. 9%，粗纤维含量 5. 0%。高抗青枯病，中抗叶斑病，抗锈病，抗旱性强，抗倒伏能力强。

栽培技术要点：①种子处理。花生剥壳前进行晒种；晾晒后挑选无霉变且饱满的花生荚果，选择粒大饱满、无病斑、无破损的籽粒做种子；用杀菌剂、杀虫剂进行拌种。②地块选择。地块平整、肥力中上等的沙土或壤土。前茬作物收获后冬前进行深耕翻晒，深度要求达到 25~30cm，打破犁底层，加深活土层，彻底疏松土壤，提高土壤通透性和蓄水保肥能力，同时减少越冬病原、虫原基数，减轻翌年危害。早春旋耕整平、整细、疏松、湿润，达到上虚下实后适时播种。③播期。春播于 4 月中下旬至 5 月上旬连续 5d，5~10cm 地温稳定在 15℃ 播种。④播种密度。每亩 9 000~10 000 穴，每穴 2 粒。⑤肥水管理。基肥以农家肥和氮磷钾复合肥为主，辅以微量元素肥料。每亩施2 000~2 500kg 优质农家肥，15kg 氮磷钾复合肥或不少于 15kg 花生专用肥。干旱时及时浇水，开花后要保证水分充足供应，特别是浇好开花期、饱果成熟期两次关键水。旱涝条件下注意抗旱排涝。⑥病虫害防治。花生生育期间，应注意网斑病、白绢病、茎腐病、青枯病等病害的发生，及时防治蚜虫、蛴螬等害虫危害。⑦及时控旺。高水肥地块，及时控制旺长。⑧适时收获。当地上部茎叶变黄，中下部叶片脱落，果壳硬化、网纹清晰、果壳内侧呈乳白色并捎带黑色，即可收刨、晾晒，当荚果含水量在10%以下，方可入库。

适宜区域：适宜在山东花生生产区春播种植。

推广应用情况：山东花生主产区进行示范推广（图25）。

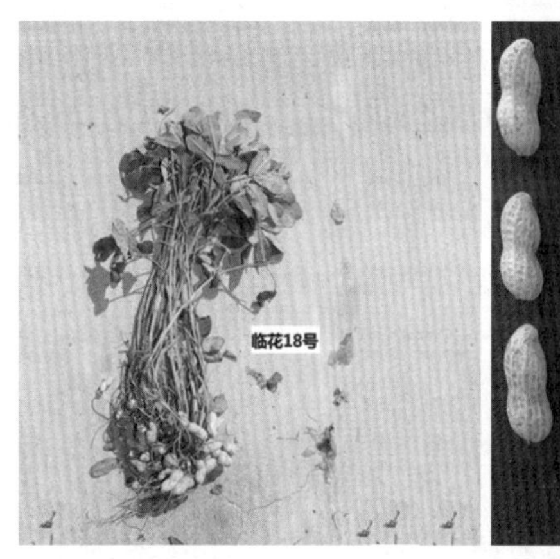

图 25　临花 18 号

五、甘薯新品种

临薯 2 号

育种单位：临沂市农业科学院

完成人：徐玉恒　姚夕敏　唐洪杰　马宗国　沈庆彬　李春光

登记编号：GPD 甘薯（2018）370078 号

选育经过：临沂市农业科学院 2010 年以 6-4-51 为母本经放任授粉进行有性杂交，获得 197 粒杂交种子。2011 年对种子进行处理，经苗床筛选淘汰后，进行实生苗筛选鉴定。2012 年将中选株系进行复选鉴定，小区面积 6.8m^2，栽插 36 株，秋季收获后经综合评定，从中筛选出了高产质优的“临薯 2 号”新品系。2013—2014 年参加甘薯新品系比较试验，表现优异。2015—2016 年参加山东省区域试验，结果表明，该品种产量高、品质好、抗病、适应性广、增产潜力大，是一个适于山东省种植的优良新品种。

特征特性：该品种属鲜食型，薯块萌芽性好，出苗早，苗多、苗匀。成株匍匐，前、中后期生长势均强，有自然开花习性，叶片掌状深裂、绿色，叶脉绿色，顶叶淡绿色，茎绿带紫、有绒毛，秧蔓细、长 1.6m，单株分枝 10 个，单株结薯 4~5 个，位置靠上，整齐、集中，大、中、小薯率分别为 22.5%、32.5%、45.0%，薯块长纺锤，有薯沟，薯皮细、紫红色，薯肉紫色，薯干紫色，熟食后紫色，味甜、面。抗病性突出，高抗根腐病、黑斑病，抗茎线虫病。2 个生长周期，鲜薯平均亩产2 520.07kg，比对照品种济薯 21 增产 7.94%；干物率平均 25.58%，薯干亩产 644.38kg，比对照品种济薯 21 减产 11.79%。

栽培技术要点：①临薯 2 号萌芽性较好，出苗快、多，适宜早春育苗，排种量为 15~18kg/m^2，管理上做到前期高温促芽、中期保温促生长、后期低温炼苗，每次剪苗后勤浇水、施肥，促进多出苗、出壮苗。②春夏、丘陵或平原、瘠薄地或肥沃地均可种植，该品种抗病、抗涝，尤其适宜通气性良好、土壤疏松的平原地块种植，施肥以基肥为主，每亩可施用 50~60kg 硫酸钾复合肥、25kg 硫酸钾、10kg 钙镁微肥。③该品种分枝多、长势强，栽植密度要适中，一般春薯每亩3 500~4 000株，夏薯每亩4 000~4 500株。秧苗栽插时注意防治地下害虫和预防线虫病；6 月下旬至 7 月上旬，依据长势，适时控制秧苗旺长；7 下旬至 9 月中旬，重点防治甘薯叶甲、麦娥、蛴螬、盲蝽象等爆发性害虫；9 月中旬后可适时叶面喷施磷酸二氢钾溶液，补充养分，防止早衰。④该品种贮藏性能良好，耐低温，但入窖薯块需无病、无机械伤口、无冻害。

适宜区域： 该品种适宜在山东、河北、江苏北部等花生产区种植，春季或夏季种植均可。注意事项：抗旱能力差，栽插后久旱要及时浇水。

推广应用情况： 该品种自 2016 年开展区域试验以来，在临沂市主产区莒南县、临沭县、兰山区等地均有小面积种植，2019 年在临沭县青云、大兴等地示范面积达到 20 余亩，至此累计推广 200 余亩，平均鲜薯产量达到每亩2 800kg（图 26）。

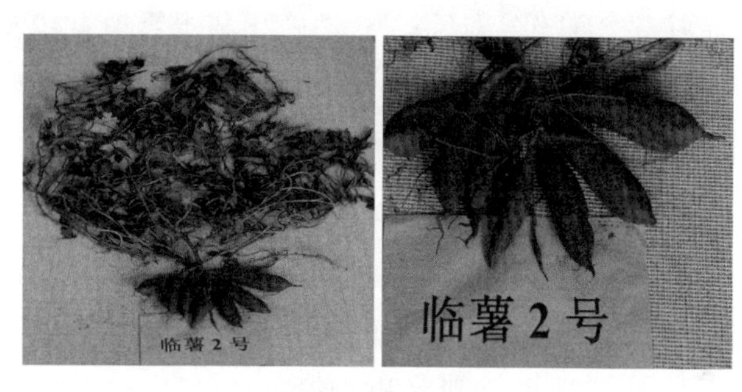

图 26　临薯 2 号

六、金银花新品种

中花 1 号

育成单位： 临沂市农业科学院

审定（登记）编号： 鲁 S-SV-LJ-023-2014 号

选育经过： 临沂市农业科学院的科研人员从 2003 年开始在山东省平邑县金银花主产区流峪镇和郑城镇收集主栽品种大毛花的种苗。2004 年开始发现有部分植株有性状变异的现象，科研人员对这些变异植株做出了明显标志，并进行了编号。2005 年开始对这些变异植株进行扦插扩繁，继续编号，进行观察。2006 年科研人员对变异植株的叶片进行了组织培养。通过组织培养的方式繁育出发生变异的金银花种苗700份，分别将组培苗经过炼苗后移栽到鉴定圃中。2006年冬季在鉴定圃采用扦插、分株的方法，将变异体的无性繁殖后代与原品种类型栽植于同一圃内，进行比较鉴定。2007年科研人员将选出的45个芽变系及对照的无性繁殖后代，复选圃内按单株建立档案，从2007—2010年连续4年对比观察记载，对其重要性状进行全面鉴定，将结果记载入档。2010年从45个芽变系中决选出一个新品系，命名为“中花1号”。

特征特性：中花1号具有直立性强，利于修剪，茎枝粗壮，花枝节间短，有效花枝多，产花量大，产花周期长，亩产量高，品质好等特点。中花1号新品种的节间长度2.09cm，花枝顶端是花蕾封顶。叶片长5.57cm，宽4.25cm，叶片厚度1.22mm，其花蕾长4.545cm，花蕾基部直径2.49mm，花蕾顶部直径5.827mm，花瓣厚度0.299mm。中花1号千蕾鲜花重达141.31g，千蕾干花重28.26g。中花1号金银花的绿原酸达到2.76%，木犀草苷含量达到0.0517%。具有极强的抗逆性，抗旱、抗寒、耐盐碱，对环境的适应性强。中花1号性状稳定，在不同的立地条件下均能保持其优良性状，栽培范围广，全国各地均可进行引种栽植。

栽培技术要点：①选地与整地。育苗地，宜选择土层疏松、排水良好、远离污染源靠近水源的肥沃沙壤土，一般农田种植每亩施农家肥1 000kg，深翻30cm以上，整成宽1m左右的平畦备用；栽植地的土壤要求同育苗地，此外，荒坡、地旁、沟边、田埂、房屋前后的空地均可种植。②定植栽培。一般情况下，按照1.5m×2.0m墩、行距采取定植，秋季或早春每墩根据种苗大小（1年生的种苗栽植3~5株；2年生的种苗栽植2~3株）进行定植。③生长期的田间管理。加强金银花的田间管理，是丰产的重要环节。田间栽培管理一般包括中耕除草、施肥浇水和病虫害防治等。④修剪。金银花的修剪是一项重要的增产措施，修剪的优劣直接影响到产量的高低，不同品种和花龄其修剪方法不尽相同，修剪得当可提高产量30%~40%。⑤采收。花蕾颜色开始由青变白，及时采收。采收的花蕾，若采用晾晒金银花，以在水泥石晒场晒花最佳，晒时中途不可翻动，以曝晒干制的花蕾，商品价值最优；使用烘干机械：金银花烘干机温度一般控制在80~130℃，立式多层烘干箱内金银花经逐层循环脱水烘干，最终湿风由顶层直接排空，湿风与金银花接触时间极短(5~12s)，同时将每层观察孔打开一点，随时逐层排潮。

适宜区域：鲁中南山区。

推广应用情况：中花一号新品种育成后，通过生产示范、组织考察、现场观摩、广播电视及杂志宣传等推广措施，2011—2013年已在山东、陕西、宁夏①、贵州、新疆②、北京、山西、河北、内蒙古③、四川等省区市累计示范推广种植249 942亩，新增经济效益49 031.402万元，取得了显著的经济效益、社会效益及生态效益（图27、图28）。

图27　中花1号

① 宁夏回族自治区的简称，全书同。
② 新疆维吾尔自治区的简称，全书同。
③ 内蒙古自治区的简称，全书同。

图 28　中花 1 号与大毛花对比

第二章　获奖科技成果

一、粮食作物育种

1. 临稻 19 号、21 号不同生态类型水稻新品种选育研究与大面积示范推广应用

完成单位：临沂市农业科学院　青岛农业大学　山东天和种业有限公司　兰陵农垦实业总公司　临沂市河东区农业技术推广中心

完成人：金桂秀　李相奎　褚栋　张瑞华　牟文斌　陈为兰　刘丽娟　杨化恩　孙庆海　刘延刚

奖励等级：2018 年 12 月获得中国产学研合作促进会优秀奖，2018 年 9 月获得淮海科学技术奖三等奖。

成果简介：该成果依托临沂市科技局下达 2011 年临沂市科技发展计划重大科技创新项目（项目编号：201111018）结合山东省农业良种工程项目（鲁科字〔2013〕207 号）和山东省现代农业产业技术体系项目（鲁政字〔2016〕34 号、鲁农科技字〔2016〕7 号）开展延伸性工作。

该成果解决的关键技术有水稻新品种选育和高产栽培、配方施肥、节水增效、机插秧等综合技术研究，育成 2 个水稻新品种（临稻 19 号和临稻 21 号）并创建出一整套综合技术体系。

该成果的创新点：临稻 19 号在山东主稻区全生育期平均为 151d，比当地主栽品种早 5d。高产，两年省区试平均亩产

546.5kg，比对照品种增产13.7%，2011年全省水稻生产试验平均亩产545.6kg，比对照品种增产11.7%。具有在高肥水条件下亩产700kg左右的高产潜力。表现为抗水稻纹枯病、条纹叶枯病、白叶枯病、稻瘟病、稻曲病，黑条矮缩病感病轻。

临稻21号在临沂稻区比当地主栽品种临稻10号早熟2~3d，2012—2013年全省水稻区域试验，比对照品种早熟2d，落黄好，产量高，抗性强，品质优。综合稻瘟病级3级，达“MR”抗病水平。抗白叶枯病、纹枯病，耐寒抗倒性较强。两年山东省水稻区试平均亩产669.56kg，比对照品种增产6.84%。2014年山东省水稻中晚熟组生产试验，平均亩产659.7kg，比对照品种增产7.1%。具有在高肥水条件下700kg左右的高产潜力。糙米率84.4%，整精米率72.5%，直链淀粉含量16.3%，糊化温度低（碱消值6.7级），胶稠度软（76mm），蛋白质含量10.6%，垩白粒率9%，垩白度1.3%，达国家优质2级米标准，米粒洁白晶莹，饭质柔润，富有光泽，食味清香，冷热均适性好。

多年试验表明临稻19号和临稻21号同时具备早熟、高产、优质、多抗、广适等优良性状，适合在鲁北沿黄稻区、临沂、日照库灌稻区及济宁滨湖稻区作为麦茬稻和机插秧水稻示范推广，也可在江苏、安徽、河南、陕西等黄淮同类稻区引种登记推广。适应性强，适应范围广，年适种范围1 200万亩左右，推广应用前景十分广阔。

2018年5月徐州市发明协会组织有关专家评价认为，临稻19号综合性状良好、食味品质较好，已大面积推广应用，经济效益和社会效益显著。

2018年1月28日临沂市生产力促进中心组织有关专家评价认为，临稻21号比当地主栽品种临稻10号早熟2~3d，综合稻瘟病级3级，达“MR”抗病水平。抗白叶枯病、纹枯病。平均亩产659.7kg，比对照品种增产7.1%。米质达国家2级标准，米粒洁白晶莹，饭质柔润，富有光泽，食味清香，冷热均适口性好。总体技术达国内黄淮同类稻区领先水平。

知识产权：2012 年 6 月临稻 19 号通过山东省农作物品种审定委员会审定（鲁农审 2012023 号）；2016 年 5 月获得国家植物新品种权证书（CNA20120090.3）；2015 年 8 月临稻 21 号通过山东省农作物品种审定委员会审定（鲁农审 2015025 号），同时申请国家植物新品种保护（申请受理号：20151440.5）；高产优质多抗水稻新品种临稻 19 号的选育与应用（发表在《农业科技通讯》2015 年第 4 期）；高产优质多抗水稻新品种临稻 19 号的选育及栽培技术（发表在《现代农业科技》2015 年第 1 期）；水稻新品种临稻 21 号的选育及配套栽培技术（发表在《农业科技通讯》2018 年第 8 期）；高产优质多抗中粳中熟水稻新品种临稻 21 号选育与应用（发表在《北方水稻》2018 年第 1 期）；中粳中熟水稻新品种临稻 21 号的特征、特性及高产栽培技术（发表在《现代农业科技》2018 年第 14 期）。

推广应用：2012—2014 年临稻 19 号累计示范推广 84.86 万亩，增加产值15 495.08万元，增加社会经济效益10 733.77万元。临稻 21 号已推广规模 12.573 万亩，科研成果已获经济效益2 151.77 万元。

2. 山东省审定水稻新品种临稻 21 号、临稻 22 号选育研究与应用

完成单位：临沂市农业科学院

完成人：李相奎　金桂秀　张瑞华　娄华敏　陈为兰　张娟　刘丽娟　张民阁

奖励等级：2018 年 9 月获得临沂市科技进步奖一等奖。

成果简介：该成果依托山东省现代农业产业技术体系水稻创新团队遗传育种岗位专家项目（2014—2020 年下达鲁农科技〔2016〕18 号），并结合传统育种育成了临稻 21 号、临稻 22 号等优良水稻新品种。

高产优质多抗水稻新品种临稻21号系临沂市农业科学院2002年以临稻10号为母本，镇稻88为父本杂交，采用系谱法选育而成。

该成果的创新点：①生育期。临稻21号在临沂稻区比当地主栽品种临稻10号早熟2~3d，2012—2013年全省水稻区域试验，比对照品种早熟2d，且表现落黄好，产量高，抗性强，品质优。②形态特征。临稻21号平均株高95.3cm，穗长16.5cm，穗总粒数133.3粒，穗实粒数116.9粒，结实率87.7%，千粒重26.2g。落粒性中等，颖壳轻度开裂，间白色顶芒。③抗病性。经天津市植物保护研究所鉴定，临稻21号苗叶瘟病级2级，穗颈瘟病级3级，综合稻瘟病级3级，达“MR”抗病水平。抗白叶枯病、纹枯病，耐寒抗倒性较强。④抗逆性。临稻21号株矮叶挺、直立、假茎宽、基部节间短、抗倒伏能力较强，多年观察表明抗冷性很强，叶色中绿，宽长适中、剑叶较短上冲，群体上下通风透光好，光合效率高。⑤产量表现。临稻21号2012年参加山东省水稻区试，平均亩产679.00kg，比对照品种增产6.54%；2013年区试平均亩产658.77kg，比对照品种增产3.39%。两年平均亩产669.56kg，比对照品种增产6.84%。参加2014年山东省水稻中晚熟组生产试验，平均亩产659.7kg，比对照品种增产7.1%。临稻21号具有在高肥水条件下700kg左右的高产潜力。主要是该品种分蘖力较强，群体大，成穗率高，抽穗整齐，叶色中绿，宽长适中、剑叶较短上冲，群体上下通风透光性好，抗病耐虫，光合效率高，灌浆速度快，容重高，落色金黄。⑥品质。经2013年农业部稻米及制品质量（杭州）检测中心检验，临稻21号的糙米率84.4%，整精米率72.5%，直链淀粉含量16.3%，糊化温度低（碱消值6.7级），胶稠度软（76mm），蛋白质含量10.6%，垩白粒率9%，垩白度1.3%，达国家优质2级米标准，米粒洁白晶莹，饭质柔润，富有光泽，食味清香，冷热均适性好。

多年试验表明临稻21号适合在鲁北沿黄稻区、临沂、日照库灌稻区及济宁滨湖稻区作为麦茬稻和机插秧水稻示范推广，也可在江苏、安徽、河南、陕西等黄淮同类稻区引种登记推广。适应性强，适应范围广，年适种范围1 200万亩左右，推广应用前景十分广阔。

2018年1月28日临沂市生产力促进中心组织有关专家对该项目进行了评价，认为该项目培育的临稻21号比当地主栽品种临稻10号早熟2~3d，综合稻瘟病级3级，达“MR”抗病水平。抗白叶枯病、纹枯病。两年省区试平均亩产669.56kg，比对照品种增产6.84%。2014年山东省生产试验，平均亩产659.7kg，比对照品种增产7.1%。糙米率84.4%，整精米率72.5%，直链淀粉含量16.3%，糊化温度低（碱消值6.7级），胶稠度软（76mm），蛋白质含量10.6%，垩白粒率9%，垩白度1.3%，达国家优质2级米标准，米粒洁白晶莹，饭质柔润，富有光泽，食味清香，冷热均适口性好。适合在鲁北沿黄稻区、临沂、日照库灌稻区及济宁滨湖稻区作为麦茬稻和机插秧水稻示范推广；也可在江苏、安徽、河南、陕西等黄淮同类稻区引种登记推广。推广应用前景十分广阔。总体技术达国内黄淮同类稻区领先水平。

知识产权：水稻新品种临稻21号2015年8月24日通过山东省农作物品种审定委员会审定（鲁农审2015025号），同时申请国家植物新品种保护（申请受理号：20151440.5）；临稻22号2016年9月9日通过山东省农作物品种审定委员会审定（鲁农审20160038号），同时申请国家植物新品种保护（申请受理号：20170051.5号）；水稻新品种临稻21号的选育及配套栽培技术（发表在《农业科技通讯》2018年第8期）；高产优质多抗中粳中熟水稻新品种临稻21号选育与应用（发表在《北方水稻》2018年第1期）；中粳中熟水稻新品种临稻21号的特征、特性及高产栽培技术（发表在《现代农业科技》2018年第14期）。

推广应用情况：该成果已推广12.573万亩，科研成果已获经济效益2 151.77万元。

3. 不同生态类型高光效水稻新品种选育及“两高一优”综合技术体系创建

完成单位：临沂市农业科学院

完成人：李相奎　金桂秀　张瑞华　刘德友　刘丽娟　刘延刚　张华　王兰秋

奖励等级：2016 年 9 月获得中国技术市场金桥奖优秀项目奖，2015 年 9 月获得临沂市科技进步奖一等奖。

成果简介：该成果依托临沂市科技局下达 2011 年临沂市科技发展计划重大科技创新项目——“不同生态类型高光效水稻新品种选育及‘两高一优’综合技术体系创建”（编号：201111018），项目实施年限 2011 年 4 月至 2013 年 12 月。

该成果的创新点：临稻 19 号系以中部 67 为母本，镇稻 99 为父本，通过有性杂交，之后经 6 个世代系统选育而成。

临稻 19 号在 2009—2010 年山东省水稻品种中早熟组区域试验中，两年平均亩产 546. 5kg，比对照品种津原 45 增产 13. 7%，2011 年山东全省水稻生产试验平均亩产 545. 6kg，比对照品种津原 45 增产 11. 7%。增产幅度达极显著水平，居所有参试品种（系）首位。

该品种具有高产、优质、早熟、广适、抗病、抗倒等优良性状，适宜在鲁北沿黄稻区、临沂、日照库灌稻区及济宁滨湖稻区示范推广种植，也可在黄淮同生态稻区示范种植。

该项目育成水稻新品种临稻 19 号和水稻新品系“09-11”，产量合同指标为 600～650kg/亩，实际完成为 645. 7～678. 74kg/亩；糙米率合同指标≥79%（国标粳米二级，下同），实际完成为 82. 5%～84. 4%；整精米率合同指标≥64%，实际完成为 70. 6%～72. 5%；垩白粒率合同指标≤20%，实际完成为 9%～26%；垩白度合同指标≤3. 0%，实际完成为 1. 3%～2. 8%；胶稠度合同指标≥70mm，实际完成为 67～76mm；光合积累平均日产量合同指标≥

3.5kg/d，实际完成为 3.62kg/d，产量合同指标要求增产 5%~10%，实际完成增产 11.7%~13.7%；新增产值合同指标为6 226万元，实际完成为15 495.08万元，合同主要技术经济指标均超额完成。

主要解决的关键技术有水稻新品种选育和高产栽培、配方施肥、节水增效、机插秧等综合技术研究，育成 2 个水稻新品种（临稻 19 号、09-11）并创建出一整套综合技术体系。

①早熟。临稻 19 号在山东主稻区全生育期平均为 151d，比当地主栽品种早 5d。“09-11”生育期 151.7d，比对照品种早熟 2d。②高产。临稻 19 号两年省区试平均亩产 546.5kg，比对照品种津原 45 增产 13.7%，2011 年全省水稻生产试验平均亩产 545.6kg，比对照品种津原 45 增产 11.7%。具有在高肥水条件下亩产 700kg 左右的高产潜力。“09-11”两年省区试平均亩产 669.56kg，比对照品种增产 6.84%。③优质。经农业部稻米及制品质量监督检测中心（杭州）测试：临稻 19 号稻谷糙米率 82.5%，整精米率 70.6%，垩白粒率 26%，垩白度 2.8%，直链淀粉含量 15.5%，胶稠度 67mm，米质 3 项达国标优质 3 级，6 项达国标优质一级。“09-11”糙米率 84.4%，整精米率 72.5%，直链淀粉含量 16.3%，糊化温度低（碱消值 6.7 级），胶稠度软（76mm），蛋白质含量 10.6%，垩白粒率 9%，垩白度 1.3%，达国家优质 2 级米标准，米粒洁白晶莹，饭质柔润，富有光泽，食味清香，冷热均适口。④抗病、抗逆。临稻 19 号综合表现为抗水稻纹枯病、条纹叶枯病、白叶枯病、稻瘟病、稻曲病，黑条矮缩病感病轻。09-11 苗叶瘟病级 2 级，穗颈瘟病级 3 级，综合稻瘟病级 3 级，达“MR”抗病水平。抗白叶枯病、纹枯病，耐寒抗倒性较强。

该项目在广泛征集水稻品种资源基础上，从株型、抗逆、日产量等方面综合研究集成，注重提高光合效率和经济系数，培育优质高产水稻新品种（系），集中解决了早熟、高产、优质、抗逆关键技术问题。研究方案清晰，技术路线切实可行，成效显著。

2015年2月2日，临沂市科技局组织专家鉴定，认为该项目育成的临稻19号适合在山东沿黄、库灌、滨湖稻区作为麦茬稻进行机插轻简栽培，达到同类研究的国内领先水平。

知识产权：2012年6月29日临稻19号通过山东省农作物品种审定委员会审定（鲁农审2012023号）；2016年5月获得国家植物新品种权证书（CNA20120090. 3）；高产优质多抗水稻新品种临稻19号的选育与应用（发表在《农业科技通讯》2015年第4期）；高产优质多抗水稻新品种临稻19号的选育及栽培技术（发表在《现代农业科技》2015年第1期）。

推广应用：2012—2014累计示范推广84. 86万亩，增加产值15 495. 08万元，增加社会经济效益10 733. 77万元。

4. 高产稳产小麦新品种临麦2号、临麦4号的选育与应用

完成单位：临沂市农业科学院

完成人：刘飞　刘正学　李宝强　王靖　周忠新　孔令国　樊青峰　李龙

奖励等级：2014年2月获山东省科技进步奖三等奖。

成果简介：该成果依托临沂市农业科学院项目“临麦系列新品种选育”，实施时间为1996年10月至2011年12月。

该项成果主要针对山东小麦生产发展实际，开展了高产稳产小麦种质创新、小麦新品种选育及配套栽培技术研究；在小面积高产攻关研究，大面积试验示范技术研究，良种良法配套技术研究方面取得显著进展。通过试验研究，总结出切实可行的良种良法配套栽培技术规程，应用于生产实践，充分发挥了育成品种的增产潜力，实现了小麦大幅增产和农民增收，取得良好的社会经济效益。

该项成果主要创新点：一是针对小麦生产中限制产量提高的瓶颈问题，通过优异基因聚合、多年多点鉴定、抗病性鉴定和水旱交替选择等方式，创制出多穗、广适、多抗小麦优异亲本临90-15；

用该亲本与鲁麦 23 杂交，育成了高产稳产多抗小麦新品种临麦 2 号和临麦 4 号；临麦 2 号和临麦 4 号较好地弥补了鲁麦 23 分蘖成穗率低、植株偏高和适应性差等不足，先后于 2004 年和 2006 年通过山东省农作物品种审定委员会审定，并分别通过农业部植物新品种保护授权。自审定以来，两品种已连续多年被山东省科技厅、山东省农业厅推荐为“山东省农业主推技术和主导品种”、“山东省中央财政小麦良种补贴项目推介品种”和“山东省小麦秋种主推品种”。二是育成的高产稳产小麦新品种临麦 2 号和临麦 4 号，突破了大穗型品种亩穗数难以大幅提升的瓶颈，较好地解决了小麦高产与抗倒、高产与广适、高产与晚熟之间的矛盾，实现了高产、稳产、优质、多抗、广适的统一。临麦 2 号和临麦 4 号，株叶型好、大穗且成穗率较高、产量结构合理、抗倒性强、稳产性好，具有高产、稳产、适应性强等突出优点。实现了产量结构三要素的协调，在穗粒数 44~46 粒，千粒重 46~48g 的大穗型品种中，实现了亩穗数稳定在 32 万穗以上的突出创新，为小麦高产稳产奠定了基础。两品种自参加山东省预试以来，就显示出良好的增产效果。在高产创建中，临麦 2 号亩产 704. 19kg，获 2009 年山东省粮王大赛鲁南赛区冠军；临麦 4 号亩产 739. 90kg，创造了临沂市冬小麦单产最高记录。三是根据临麦 2 号和临麦 4 号品种的特征特性，提出了实现大穗型小麦品种高产稳产的肥水运筹技术和促蘖成穗调控技术，建立了相应的配套高产栽培技术规程，充分发挥了临麦 2 号和临麦 4 号在生产中的增产潜力，促进了品种的快速推广。

临沂市科技局于 2011 年 12 月组织专家鉴定，认为该项目技术路线合理，数据准确可靠，资料翔实齐全，在亲本创制、育成品种和配套栽培技术研究等方面有突出创新，整体上达到了同类研究的国内领先水平。

知识产权：在省级以上核心期刊发表相关学术论文 15 篇，研发配套高产栽培技术规程 1 个，丰富了高产稳产小麦新品种临麦 2 号、临麦 4 号特征特性探讨、高产稳产性的认识及配套高产栽培技术的推广。

推广应用：建立示范基地高产带动、技术培训和现场观摩等措施，加速了良种良法配套栽培技术的推广，充分发挥品种丰产性和综抗性，增产效果显著，推广面积迅速扩大，截止到2012年夏收，两品种在临沂、泰安、枣庄、菏泽、滨州等市累计推广6 253.1万亩，共增产小麦30.33亿kg，取得了显著的社会效益和经济效益。

5. 临沂市地方系列高产优质多抗水稻新品种的选育及推广应用

完成单位：临沂市农业科学院　沂南县水稻研究所

完成人：李相奎　张民阁　金桂秀　范开业　张瑞华　张有全　刘德友　刘丽娟

奖励等级：2013年10月获得临沂市科技进步奖一等奖，2013年6月获得山东省农牧渔业丰收奖三等奖。

成果简介：该成果依托临沂市农业科学院下达地方系列水稻新品种选育重大科技创新项目，实施年限5年。

该成果的创新点：采用辐射育种、杂交育种相结合，一个关注(关注条纹叶枯病、黑条矮缩病的抗性)、两个提高（提高产量、提高品质)、三个增强（增强品种抗病性、抗逆性、抗倒性）的育种策略。依据黄淮稻区稻麦两熟制，育成中粳中熟和中粳中早熟水稻新品种。

临稻12号：以$^{60}Co-\gamma$射线4万伦琴剂量处理豫粳6号种子，采用四分法集团育种手段选择培育而成。在山东主稻区全生育期一般为水育秧150d，旱育秧156d，比对照品种豫粳6号早熟3~5d，属中粳中晚熟品种。株高100cm左右，叶色淡绿，属高光效品种特征。轻感苗瘟、穗颈瘟，中抗纹枯病、条纹叶枯病、稻曲病，高抗白叶枯病。叶色淡绿，株型紧凑，群体中下部透光率高，通透性好，叶片表面硅质层较厚，较抗水稻三化螟、二化螟、稻纵卷叶螟及稻飞虱等害虫，稻蓟马、稻叶蝉、稻蝗危害也相对较轻。糙米率

83. 9%，精米率 76. 8%，整精米率 73. 8%，粒长 5. 2mm，长宽比 1. 9，垩白粒率 34%，垩白度 4. 9%，透明度 2 级，碱消值 7 级，胶稠度 65mm，直链淀粉含量 18. 2%，蛋白质含量 10. 2%。一般亩产 530kg 左右，比对照品种豫粳 6 号增产 8. 1%。

临稻 15 号是以临稻 10 号为母本、临稻 4 号为父本经有性杂交，之后采用系谱法经 4 个分离世代优选而成。在山东主稻区全生育期一般为水育秧 156d，旱育秧 151d，属中粳中晚熟品种。该品种株高 98. 6cm 左右，叶色浓绿，叶片中等长度，分蘖力较强，成穗率高，株形紧凑，剑叶上冲，根系发达，群体自我调控能力较强，直穗型，穗长 15cm，每穗总粒数 129. 0 粒，结实率 84. 0%，千粒重 25. 6g，穗大，粒多，穗层整齐一致，脱粒性中等，粒型椭圆，长宽比 2∶1 左右，间白色短芒，落色金黄。糙米率 86. 7%，精米率 77. 9%，整精米率 76. 1%，垩白粒率 11%，垩白度 0. 8%，直链淀粉含量 17%，胶稠度 84mm，口感佳、食味好。一般亩产 600~650kg，高产可达亩产 750kg 以上。

临稻 16 号是以临稻 11 号为母本、以淮稻 6 号为父本，进行有性杂交，之后采用系谱法选育而成，全生育期 150d、一般平均亩产 599. 2kg，比对照品种豫粳 6 号增产 8% 左右。稻谷出糙率 86. %，精米率 77. 6%，整精米率 76. 1%，垩白粒率 16%，垩白度 2. 2%，直链淀粉含量 18. 0%，胶稠度 78mm，米质达国优二级食用粳稻标准。抗白叶枯病、条纹叶枯病。熟期适中，适应性较强。

临稻 17 号系临稻 11 号与“中粳 315/临稻 4 号”杂交后系统选育而成，属中早熟品种。全生育期 144d，比对照品种香粳 9407 早熟 1d。亩有效穗 27. 9 万，株高 95. 5cm，穗长 14. 2cm，每穗总粒数 100 粒，结实率 87. 4%，千粒重 25. 2g。稻谷糙米率 83. 7%，精米率 76. 1%，整精米率 74. 4%，垩白粒率 4%，垩白度 0. 4%，直链淀粉含量 17. 2%，胶稠度 86mm，米质符合国优一级食用粳稻标准。中抗穗颈瘟和白叶枯病。

2012 年 12 月 27 日临沂市科技局组织专家鉴定，认为该项目在协调水稻高产、稳产、优质、早熟、广适方面有创新，达到国内黄淮稻区同类研究领先水平。

知识产权：临稻 12 号 2006 年 4 月通过山东省农作物品种审定委员会审定（鲁农审 2006038 号）；2010 年 3 月获得国家植物新品种权证书（CNA20080388.4）；临稻 12 号的选育及高产栽培技术（发表在《农业科技通讯》2006 年第 10 期）；临稻 12 号的生育特点及高产栽培技术（发表在《山东农业科学》2007 年第 5 期）；水稻新品种临稻 12 号的选育与应用（发表在《中国稻米》2008 年第 1 期）。

临稻 15 号 2008 年 4 月通过山东省农作物品种审定委员会审定（鲁农审 2008025 号）；2014 年 3 月获得国家植物新品种权证书（CNA20080354.9）；临稻 15 号的选育及配套高产栽培技术（发表在《山东农业科学》2008 年第 8 期）；高产优质多抗中粳稻新品种临稻 15 号（发表在《中国种业》2008 年第 9 期）；临稻 15 号的选育、特征及配套栽培技术（发表在《农业科技通讯》2008 年第 8 期）。

推广应用：7 年累计推广 512.7 万亩，累计增加稻谷 52 354.7 万 kg，累计增加经济效益 13.61 亿元。

6. 临沂市不同生态类型超级小麦新品种选育及产业化开发

完成单位：临沂市农业科学院小麦所

完成人：周忠新　刘正学　刘飞　王靖　李龙　孔令国　樊青峰　李新新

奖励等级：2012 年 9 月获得临沂市科技进步奖二等奖。

成果简介："临沂市不同生态类型超级小麦新品种选育及产业化开发"项目是 2008 年临沂市科技发展计划重大科技创新专项，编号为 0801001。项目起止时间为 2008 年 7 月至 2011 年 12 月。

临沂地处沂蒙山区，地形复杂，生态条件多样，山区、丘陵、平原各占1/3，因此选育出针对不同生态类型的优质高产稳产多抗小麦新品种是当前小麦生产的迫切要求。该项目针对临沂市不同生态类型区，即高肥水类型区、稻茬晚播类型区及丘陵旱作类型区，有目的地开展超级小麦新品种选育，在常规育种的基础上，借助于矮败轮回选择育种、微效多基因累加育种等高科技育种技术，最终选育出适宜临沂市不同生态类型的超级小麦新品系3个，分别为适于高肥水地块种植的“临061”，适于“小麦—水稻”轮作模式的“临066”，适于丘陵旱作条件的“临072”，并对其高产高效栽培技术进行了研究。

该成果的创新点：第一，该项目采用在3种不同生态类型条件下对选育的小麦品系同时鉴定的方法，有利于充分考察各品系的生态适应性，充分利用有限的杂交组合，选育出更多的品种。第二，充分研究了育成品种的生态适应性及生长发育特征，并且结合其特征特点研究总结了高产高效栽培措施。第三，育成的小麦新品种“临061”是一个集高产、稳产、优质、抗病、抗倒于一体的优良品种，综合性状优于我省目前的主要推广品种济麦22、泰山23、良星99、矮抗58等。“临066”具有分蘖能力强，返青起身早，抗病能力强等特点，比以往品种更能适应稻茬晚播条件。“临072”具有适应范围广，抗倒伏，抗旱能力强等优点。第四，通过育成品种及其栽培技术的应用推广，大大提高了推广区小麦单产水平，并且使农民群众更好地了解选用生态适应性品种的重要性及良种良法配套的重要性，提高了当地群众的小麦种植水平。

2011年6月8日，由临沂市科技局组织的专家组，实地考察了郯城、临沭和沂南的小麦品种长势后，按“五点取样法”对临沂市农业科学院育成的“临061”“临066”及“临072”进行了测产验收，结果表明：“临061”在高肥水地块亩产量达675.55kg的超高产水平；“临066”在稻茬晚播条件下实现亩产588.91kg的高产水平；“临072”在旱作条件下产量为490.95kg，比当地旱作主栽品种高出近20%。“临061”具有700kg以上的丰产潜力。“临

061”“临 066”及“临 072”，均在 2010—2011 年度山东省小麦区域试验中取得了良好成绩。其中“临 061”在省高肥 A 组试验中产量位居区组第一位；“临 066”在省高肥 B 组试验中产量位居区组第二位；临 072 在省旱地 2 组试验中产量位居区组第二位。该成果经市专家组鉴定，达到同类项目国内先进水平。

推广应用：经在临沂市莒南、沂南、临沭、费县、沂水等县区进行多点大面积高产示范，课题实施期间临沂市农业科学院最新育成小麦新品种“临 061”、“临 066”及“临 072”累计推广面积达 210. 57 万亩，其中“临 061”推广面积 97. 42 万亩，“临 066”推广面积 34. 72 万亩，“临 072”推广面积 78. 43 万亩，超额完成了课题要求的推广指标。就增产效果来看，“临 061”三年加权平均亩产量达 626. 95kg，比当地主推品种平均每亩增产 13. 39%，三年累计增产 7 176. 18万 kg；“临 066”三年加权平均亩产量达 531. 96kg，比当地主推品种平均增产 14. 89%，累计增产 2 393. 68万 kg；旱作适宜性小麦新品种“临 072”在项目实施期间加权平均亩产量为 411. 22kg，比当地主推品种平均每亩增产 18. 56%，三年累计增产 5 058. 45kg。三个品种的推广应用，获得了显著的社会经济效益。

7. 超级小麦新品种临麦 4 号技术推广

完成单位：临沂市农业科学院

完成人：刘正学　刘飞　谭子辉　樊青峰　王靖　周忠新　孔令国　李宝强　李龙　陈香艳　丁文静　陈万民　王建进　谢国华　李敬瑞　庞凤玲　崔爱军　谭忠　王世发　彭金海　郭青　孙伟　凌再平　吴荣华　田英欣

奖励等级：2010 年 12 月获得全国农牧渔业丰收成果奖三等奖。

成果简介：该成果依托 2007 年由山东省科技厅立项省农业科技成果转化资金课题项目，由临沂市农业科学院与全省各示范推广区共同组织实施了“丰产高白度小麦新品种‘临麦 4 号’示范与推广”项目。实施年限为 2007 年 10 月至 2009 年 12 月。

该成果解决的主要问题及创新点：①首先选用了具有突破性的丰产高白度小麦新品种“临麦 4 号”，该品种集父母本高产、优质、稳产、抗病等优良性状于一体，实现了理想的产量结构性状的突破。②经济效益和社会效益显著。课题实施三年来，已在示范推广区累计实施“临麦 4 号”大面积开发 1 075.92万亩，实现小麦平均亩产 566.44kg，比当地小麦平均亩产 480kg，增产 86.44kg，增产 18.01%，增加粮食总产 93 002.53万 kg，新增纯经济效益 79 198.62 万元。均超额完成课题规定计划指标，获得了显著的经济效益和社会效益。③通过对优质超高产小麦新品种“临麦 4 号”主要经济性状间相关及通径分析和综合农艺措施的探讨，实现了“临麦 4 号”良种良法技术配套的群体调控。④运用现代回归设计技术及微机优化分析，建立了主要经济性状与亩产量效应模式、肥料与亩产量间效应函数模型、密度及 N、P、K 肥与亩产量间效应函数模型，实现了“临麦 4 号”良种良法技术配套。

形成的可推广应用的技术为“临麦 4 号”超高产栽培技术：①选用超级小麦新品种“临麦 4 号”进行示范与推广是推进临沂市乃至山东省小麦生产再上新台阶的重要基础。②重视基础建设，精细整地，加深耕层，并且深耕与浅耕相结合，蓄积土壤水分。③培肥地力，优化配方施肥，氮磷钾肥配合施用，做到优化配方施肥，一般是每亩施纯氮肥 16.88~21.79kg，P_2O_5 9.76~12.89kg，K_2O 4.31~7.24kg。④足墒播种，提高播种质量，始终坚持抗旱足墒播种，做到了底墒足、表墒好，同时在足墒的基础上实行统一机播，做到下种均匀，深浅一致，播种深度一般掌握在 3~5cm，行距 23~26cm，认真提高播种质量。⑤适期集中播种，稳定播量，做到播期与播量相配套，试验研究及示范实践表明，“临麦 4 号”适宜的亩基本苗群体为 8.65 万~11.63 万。实现“临麦 4 号”高产高效优化栽培必须做到播期与播量相配套，在前茬合适、墒情适宜的情况下应抢时早播，且密度应适当降低，以充分发挥其个体发育优势，但晚播时应增加密度，以调节其群体结构的发展，并争取在10月18日前播完，亩基本苗不宜超过18万。⑥加强冬前麦田管理。⑦加强春季麦田管理，搭好丰产架子。⑧加强后期麦田管理，确保小麦丰产增收。

临沂市农业局受山东省农业厅的委托，组织有关专家组成鉴定委员会，对临沂市农业科学院承担的“丰产高白度小麦新品种临麦4号示范与推广”项目进行了鉴定，鉴定委员会一致认为，该课题选题准确，针对性强，技术路线正确，数据翔实可靠，组织措施得力，经济、生态及社会效益显著，在同类推广项目中处于国内领先水平。

知识产权：该成果核心技术即小麦新品种“临麦4号”于2009年11月获得农业部植物新品种保护授权，品种权号为：CNA20050464.9。

推广应用：课题实施3年来，已在示范推广区累计实施“临麦4号”大面积开发1 075.92万亩，实现小麦平均亩产566.44kg，比当地小麦平均亩产480kg增产86.44kg，增产18.01%，增加粮食总产93 002.53万kg，新增纯经济效益79 198.62万元。均超额完成课题规定计划指标，获得了显著的经济效益和社会效益。

8. 超级小麦新品种选育与应用

完成单位：临沂市农业科学院

完成人：刘飞　刘正学　李宝强　王靖　周忠新　郭青　孙伟　刘玉芹

奖励等级：2009年9月获得临沂市科技进步奖一等奖。

成果简介：该成果依托2006年立项临沂市科学技术发展计划重大专项——“超级小麦新品种选育与应用”课题项目。实施年限为2006年3月至2008年12月。

该成果解决的主要问题及创新点：第一，超级小麦新品种选育实现了新的突破。①根据生产需要，选用矮孟牛种质选系及其衍生材料，经有性杂交、系圃选育，育成了超级小麦新品种“临麦4号”。②实现了产量结构三要素高度协调，在穗粒数44~46粒，千粒重46~50g的大穗型品种中，实现了亩穗数稳定在35万穗的突出创新，为小麦高产稳产奠定了基础。③使育成的超级小麦新品种顺利通过农业部植物新品种保护申请。④新品种高产形态特征和生态特性研究，取得重大进展。通过对超级小麦新品种育种目标、选育途径、良种保纯等的研究，为良种长期利用提供了依据。第二，良种配套高产栽培技术措施的研究有重大进展。运用先进的系统分析和采用正交旋转组合设计试验方法，对影响小麦生产的多因素进行了深入研究，明确了高产高效优化栽培技术措施和规程。第三，经济效益与社会效益十分明显。通过配套技术研究和技术规范的实施，使推广应用区亩增单产128.53kg，新增总产27 671.2237kg，增加收入43 167.109万元。

形成的可推广应用的技术：①做好种质资源创新、利用及配合力测定是组配获得优异杂交组合的前提。鲁麦23与临9015杂交即是例证，它保留了鲁麦23大穗、大粒的优点，又继承了具有矮孟牛血统的临9015优质、抗病、稳产等优良特性，自F_1、F_2代即表现出诸多优异性状，经逐代系圃选择，育成的临麦4号已具备超级小麦新品种特征，并在全国全省的小麦区试中表现突出，引起了小麦育种专家的高度重视。②根据生产目标确立超级小麦育种目标。所谓超级小麦就是肥水利用效率高、抗逆性好、品质优良的一类高产品种的总称，具有高产、稳产、优质、多抗、高光效、低消耗等优良性状。育种目标要目标明确，重点突出，使育成品种不仅具有高产、优质、抗病等突出特点，又要具有较高稳产性能，以适应大面积生产发展的需求，只有这样，才能取得较大社会效益和经济效益。③确立育种技术路线。在足够稳定穗数的基础上进一步提高穗粒数和粒重是超高产育种的主攻方向，提高穗粒重的途径是增加穗粒数和千粒重。可利用高产、优质亲本与其他亲本回交和多亲本杂交的方式进行连续选择创造中间材料，同时要注重产量和品质的协调。④选用超级小麦新品种“临麦 4 号”进行推广应用是推进临沂市乃至山东省小麦生产再上新台阶的重要基础。“临麦 4 号”是临沂市农业科学院采用有性杂交，经多年系圃选育而成的超级小麦新品种，该良种选育具有突出创新点，实现了产量结构因素的高度协调，实现了高产与优质矛盾的统一，自良种审定以来，先后被列为 2006 年、2007 年和 2008 年山东省小麦秋种主推品种，是山东省 2008 年优质专用小麦主导品种之一。

临沂市科技局组织有关专家组成鉴定委员会，对临沂市科技局立项由临沂市农业科学院主持完成的“超级小麦新品种选育与应用”项目进行了鉴定，鉴定委员会认为：该项目选题准确，研究结果有重大突破和创新，在同类研究中，达国内领先水平。

知识产权：该成果核心技术即小麦新品种“临麦 4 号”于 2009 年 11 月获得农业部植物新品种保护授权，品种权号为：CNA20050464. 9。

推广应用：2006—2008 年即实施临麦 4 号高产推广 215. 29 万亩，其中 2006—2007 年高产示范 58. 67 万亩，实现小麦平均单产 627. 58kg，较示范区前三年平均单产亩增 127. 58kg，总产增加 7 485. 12 万 kg，增加产值 11 676. 79 万元，新增纯经济效益 7 063. 719万元；2007—2008 年高产示范 156. 62 万亩，实现小麦平均单产 628. 65kg/亩，较示范区前 3 年平均单产亩增 128. 65kg，总产增加20 149. 16万 kg，增加产值31 432. 69万元，新增纯经济效益 18 856. 65万元。

9. 优质高产多抗水稻新品种临稻 15 号选育及配套技术研究

完成单位：临沂市水稻研究所（现临沂市农业科学院水稻研究所）

完成人：李相奎　张瑞华　赵秀山　金桂秀　刘延刚　张明红　陈祖光

奖励等级：2009 年 9 月获得临沂市科技进步奖二等奖。

成果简介：该成果依托 2007 年临沂市科技局下达的水稻育种科技攻关课题，实施年限 2007 年 5 月至 2008 年 12 月。

高产优质多抗水稻新品种临稻 15 号系临沂市水稻研究所通过有性杂交、系统选育而成。该品种原代号 9916。1999 年以临稻 10 号为母本、临稻 4 号为父本经有性杂交，之后采用系谱法经 4 个分离世代优选而成。2004 年在所内进行品种比较试验，比对照品种豫粳 6 号增产 10%以上，且综合性状表现突出。2005 年推荐参加山东省水稻区域试验，表现突出；2006 年继续参加山东省水稻区域试验，2007 年参加山东省水稻生产试验，2008 年 4 月通过山东省农作物品种审定委员会审定（审定号：鲁农审 2008025 号）。同时申请了国家农作物新品种保护（注：保护公告号为 CNA004887E）。

该成果的创新点：该项目采用系谱法杂交水稻育种技术路线。育成的水稻新品种临稻 15 号，一般亩产 700kg 左右，具有亩产 800kg 的生产潜力；分蘖力强，成穗率高；株型紧凑，高抗倒伏，穗大粒多，灌浆速率快，光合效率高。2006 年经农业部稻米及制品质量监督检测中心（杭州）品质分析，稻谷糙米率 86.7%，精米率 77.9%，整精米率 76.1%，垩白度 0.8%，直链淀粉含量 17.0%，胶稠度 84mm。

品质、产量、粮草性价比等综合经济性状均超过当地主栽对照品种临稻 10 号。

该项目从黄淮稻麦两熟制区域的实际情况出发，选育出优质高产多抗熟期适中的水稻新品种。优质、高产、多抗相结合，大幅度提高品种的内在品质和综合适应性，良种与良法专有配套栽培技术相结合，提高产业化科技水平，大幅度增加社会经济效益和生态效益。

示范推广过程中，我们采取多点带面，全面辐射，加倍繁殖，超前服务，推广提速的办法，促进成果快速有效地转化。①多点带面。即多设种子繁育点，一村一点，一点一种，每一个种子点，既是繁育点，又是示范点，又是干部、群众参观学习的样板点，既是繁育的过程，又是推广参观学习普及的过程。②加倍繁殖。因种子量少，临沂市水稻研究所在基点采用精量播种旱育秧、育大秧、插单株多分蘖、高倍繁殖的原则。有的基点还将一级育秧改为二级育秧，也取得较好的效果，临稻 15 号平均繁育系数以3 000倍的基数递增。③超前服务、加速推广。课题组科技人员，为该品种的繁育推广，倾注了大量的心血，在整个繁育推广过程中，先后举办培训班 30 次，发放明白纸 4 万余份，接待群众咨询4 000人次，基本上哪里有种子点，哪里就有技术人员，实现了包村到人，包村到户，户户建立种子档案，签订责任书，科技人员服务到田间地头，种子未进村、培训先到户，在整个过程中，做到一环扣一环，环环相扣，水稻种子不出问题，无责任事故。使种子村的经济收入大幅度增长，有的村其经济收入翻了番。在今后的应用推广中，将按以上措施把工作做得更好。

临沂市科技局于 2009 年 1 月组织专家鉴定，认为该项目在协调水稻高产和优质方面有创新，达到国内黄淮稻区同类研究领先水平。

知识产权：2008 年 4 月通过山东省农作物品种审定委员会审定（鲁农审 2008025 号）；申请获得国家植物新品种权证书 1 项（CNA004887E）；临稻 15 号的选育及配套高产栽培技术（发表在《山东农业科学》2008 年第 8 期）；高产优质多抗中粳稻新品种临稻 15 号（发表在《中国种业》2008 年第 9 期）；临稻 15 号的选育、特征及配套栽培技术（发表在《农业科技通讯》2008 年第 8 期）。

推广应用：临稻 15 审定后，就因其优质高产多抗的优良综合农艺性状而受到广大稻农的喜爱，累计推广种植 23.5 万亩，增收稻谷1 880余万 kg，增加社会经济效益2 603余万元。

10. 利用生物技术培育抗虫、抗除草剂水稻新品系

完成单位：临沂市水稻研究所（现临沂市农业科学院水稻研究所）

完成人：李相奎　温孚江　杨英民　朱常香　王新娟　金桂秀

奖励等级：2007 年 8 月获临沂市科技进步奖二等奖。

成果简介：该成果依托 1999 年临沂市水稻研究所与山东农业大学协作科技攻关课题。实施时间为 1999 年 7 月至 2006 年 12 月。

该成果其技术原理是以山东推广品种为母本，分别与转育的内含 Bt 毒蛋白基因［*cryIA*（*b*）］和马铃薯蛋白酶抑制基因（*pin* Ⅱ）（均连同 *bar* 基因，*bar* 基因的表达产物具抗除草剂 Basta 的特性）的水稻杂交，杂交后代与母本（生产品种）多次回交，培育出抗水稻螟虫、抗除草剂的水稻新品系。水稻抗虫、抗除草剂生物技术育种是当今世界尖端育种技术之一，抗虫水稻的育成和推广，对减轻病虫为害、降低生产成本、减少环境污染、提高经济、生态和社会效益具有重要意义。

该成果的创新点：一是经测产验收，转育而成的双抗水稻新品系 LK-2 稻纵卷叶螟卷叶率 2.56%，二化螟为害率 2.22%，平均亩产 638.11kg，比对照水稻新品种 9407 综合抗螟率提高 1 倍以上，增产 46.7%，熟期适中，米质达国优标准，成果达国内麦茬稻双抗生物技术育种领先水平。二是根据科技查新报告，本项目研究关于抗虫、抗除草剂香粳水稻新品系 LK-1、LK-2 选育的研究，除本项目研究人文献外，国内未见相同的文献报道，香粳麦茬稻双抗转基因生物技术育种属国内首创。三是本研究采用生物技术手段，在已获得两种抗虫、抗除草剂转基因水稻新种质的基础上，通过转育、回交的方法将抗虫及抗除草剂基因导入推广品种中，培育出抗虫、抗除草剂的水稻新品系，利用转育的方法可充分利用已获得的转基因材料，将目的基因导入难以转化的水稻品种中；由于转育的目的基因都是已知的抗虫、抗除草剂基因，因此这些基因 DNA 序

列可作为分子标记，用于后代的选育；由于花药培养一次纯合，自动加倍，可以在早世代选出所期望的个体并稳定遗传，可以缩短育种年限，提高选择效率。类似的研究国内外未见报道，属创新研究。利用杂交、回交技术将已获得的抗虫、抗除草剂的基因材料转入优质水稻品种中，并用分子标记技术进行检测、验证，缩短了育种年限，提高了选育效率；培育出了抗虫、抗除草剂 LK-1、LK-2、LK-3 3 个水稻新品系，转育而成的双抗水稻新品系 LK-2，经专家测产验收，平均亩产 638.11kg，比对照品种 9407 增产 46.7%，抗稻纵卷叶螟率、抗二化螟率，比对照品种 9407 均表现极显著。

2007 年 1 月临沂市科技局组织专家鉴定，认为该项研究应用世界尖端转基因育种技术，开展水稻育种，对提高水稻抗虫性，降低生产成本、减少环境污染，增加技术储备，提高经济和社会效益具有重要意义，达到国内优质麦茬稻同类研究的领先水平。

推广应用：该项研究获得的双抗转基因水稻新品系亩产在 600kg 以上，与当前生产上推广品种 9407、豫粳 6 号相比，平均亩增产 50kg 以上，一旦国家允许转基因水稻在生产中应用，预计年推广面积 300 万亩，每年可增稻谷 1.5 亿 kg，节省农药工本费按 100 元/亩计算，可实现经济效益 5.4 亿元/年；每一品种按推广高峰 3 年计算，累计总增产效益 16.2 亿元。转基因水稻新品种的推广和应用，还具有较高的社会效益和生态效益，符合优质、高效、低耗、无污染农业的可持续发展的要求。

11. 优质超高产小麦新品种选育及配套栽培技术研究

完成单位：临沂市农业科学院

完成人：刘飞　刘正学　李宝强　李俊庆　黄秀山　朱新亮　刘振本　李恩福

奖励等级：2004 年 9 月获得临沂市科技进步奖一等奖。

成果简介：该成果依托临沂市农业科学研究所主持承担临沂市

科技局“优质超高产小麦新品种选育及配套栽培技术研究”课题项目。实施年限为2001年4月至2003年12月。

该成果解决的主要问题及创新点：①根据生产需要，选用矮孟牛种质选系及其衍生材料，经有性杂交、系圃选育，育成了优质超高产小麦新品种临麦2号。实现了临沂市在山东省未育成审定小麦品种的突破。②集父母本高产、优质、稳产、抗病等优良性状于一体，实现了理想的产量结构性状的突破。③通过对8000余份小麦种质资源及自育的1 500余份创新种质的系统观察，以及某些优良亲本的配合力测定，亲本组配方式、选种圃的选育经验的积累，对亲本的合理利用，选配方式及创造优异种质方面具有突破性的认识。④通过对优质超高产小麦新品种临麦2号主要经济性状间相关及通径分析及综合农艺措施的探讨，实现了临麦2号良种良法技术配套的群体调控。⑤运用现代回归设计技术及微机优化分析，建立了主要经济性状与亩产量效应模式、肥料与亩产量间效应函数模型、密度及N、P、K肥与亩产量间效应函数模型，实现了临麦2号良种良法技术配套，使亩穗数达35万穗，穗粒数43粒，千粒重48g，三要素协调发展，开发区小麦每亩产量提高160kg左右。⑥在育成小麦良种的同时，经良种配套栽培技术研究和大面积高产开发，也是山东省小麦精播半精播、旱作、独秆栽培体系在鲁东南生态区时间应用的有益补充。

形成的可推广应用的技术：①种质资源的征集与创新利用研究是组配优异杂交组合的基础。鲁麦23与临90-15杂交即是例证，它保留了鲁麦23大穗、大粒的优点，又继承了具有矮孟牛血统的临90-15优质、抗病、稳产等优良特性，自F_1、F_2代即表现出诸多优异性状，经逐代系圃选择，育成的临麦2号已具备超级小麦新品种特征，并在全国全省的小麦区试中表现突出，引起了小麦育种专家的高度重视。②超级小麦育种目标的制定。育种目标要依据当前生产水平、生态条件和技术水平等而制定，既要明确又要具体，每个性状的具体指标是随着生产水平的不断提高而进行调整。育种目标明确，重点突出，使育成品种不仅具有高产、优质、抗病等突出特点，又要具有较高稳产性能，以适应大面积生产发展的需求，只有这样，才能取得较大社会效益和经济效益。③育种技术路线。在足够稳定穗数的基础上进一步提高穗粒数和粒重是超高产育种的主攻方向，提高穗粒重的途径是增加穗粒数和千粒重。可利用高产、优质亲本与其他亲本回交和多亲本杂交的方式进行连续选择创造中间材料，同时要注重产量和品质的协调。④选用超级小麦新品种临麦 2 号进行推广应用是推进临沂市乃至山东省小麦生产再上新台阶的重要基础。临麦 2 号是临沂市农业科学院采用有性杂交，经多年系圃选育而成的超级小麦新品种，已于 2006 年通过山东省农作物品种审定委员会审定，并依法获得农业部植物新品种权保护，该良种选育具有突出创新点，实现了产量结构因素的高度协调，实现了高产与优质矛盾的统一，自良种审定以来，先后被列为 2006、2007 和 2008 年山东省小麦秋种主推品种，是山东省 2008 年优质专用小麦主导品种之一。

临沂市科技局邀请有关专家组成鉴定委员会，对临沂市科技局下达、临沂市农业科学研究所主持完成的“优质超高产小麦新品种选育及配套栽培技术研究”项目进行了鉴定，鉴定委员会认为，该项目育成品种的优质和丰产稳产性能以及在高产高效优化栽培措施研究上有创新，综合技术水平达到国内同类研究的先进水平。

知识产权：该成果核心技术即小麦新品种临麦 2 号于 2005 年 11 月获得农业部植物新品种保护授权，品种权号为：CNA20040320. 6。

推广应用：课题实施三年来，累计开发种植面积 2. 361 万亩，每亩新增单产 133. 87kg，新增总产 316. 0785 万 kg，新增纯收益 266. 0601 万元，经济效益和社会效益显著。

12. 高产优质抗病水稻新品种临稻 10 号选育及栽培技术研究

完成单位：临沂市水稻研究所

完成人：杨英民　诸葛建堂　刘桂启　薛明儒　赵理　赵秀山　张自奋　陈祖光

奖励等级：2003 年 9 月获临沂市科技进步奖一等奖。

成果简介：该项目为临沂市水稻研究所自选项目，实施年限为 1999 年 4 月至 2002 年 12 月。

通过研究，选育出高产优质抗病水稻新品种临稻 10 号，并对临稻 10 号的栽培技术进行了研究。临稻 10 号属中晚熟品种，全生育期 157d，株高 95cm 左右，直穗型，分蘖力强，株型紧凑，剑叶宽短上举，叶色浓绿，灌浆速率快，落黄好。亩有效穗 22 万～28 万穗，平均穗实粒数 100～150 粒，千粒重 26～28g，亩产 700～750kg，米质优，食味佳，口感好。高抗稻瘟病、白叶枯病、较耐纹枯病，耐肥水、抗倒伏能力强，抗旱耐涝，适应性广，适宜在济宁滨湖稻区和临沂库灌稻区推广种植。

临稻 10 号高产栽培技术：①培育旱育壮秧。搞好播前种子处理。晒种、漂选、药剂浸种（将漂选的种子用清水洗净后，用 25% 施保克乳油 2 000～3 000 倍液浸泡 3～5d）。秧田选择与管理。秧田要整平耙细，无明暗坷垃。畦面宽 1.3～1.5m，畦埂宽 0.2～0.3m，阳埂阴畦。施足基肥，亩施圈肥 2 500kg，速效氮 10kg，P_2O_5 7.5kg，K_2O 8kg，并均匀混入 15～20cm 的土层中。浇足底墒水，要求浇水浇匀，水下渗后随即播种。适期播种，一般于 5 月 1—5 日播种。每亩秧田播种 15～20kg。采用二次覆土厚盖浅长法，退土后保留 1～1.5cm 的土层。科学进行秧田管理，三叶期前不浇水，以后遇旱浇水。4～5 叶期追施尿素 10kg/亩，拔秧前 6～7d 追施送嫁肥尿素 5～6kg。②加强大田栽培管理。施足基肥，亩施圈肥 2 500kg，速效氮 11kg，P_2O_5 8kg，K_2O 11kg，并均匀混入 15～20cm 的土层中，硫酸锌 2～3kg。精细整地，耕翻（15～20cm）→灌水泡田→耙细、耙平→插秧。插秧时间为 6 月 25 日前，插秧规格：行、墩距为 25cm×12cm，亩插 2 万墩左右，墩插 3～5 茎。科学运筹肥水，插秧后 5～7d 追施尿素 5kg/亩，8 月初追施尿素 10kg/亩，硫酸钾复合肥 15kg/亩，氯化钾肥 5~10kg/亩。浅水分蘖，亩茎数达到 30 万个左右时烤田，孕穗至开花期保持浅水层，以后湿润管理。适期进行病虫害防治，注意防治纹枯病、稻飞虱、稻纵卷叶螟等。

该成果的创新点：①产量高。亩产在高肥水条件下，可达 700~750kg，个别地块可达 800kg 以上。主要是该品种分蘖力强，群体大成穗率高。株矮叶挺、直立、假茎宽、基部节间短、高抗倒伏，抽穗齐，灌浆速率快，光合效率高。②品质优。该品种在送农业部稻米制品监测分析中心化验 9 项指标中主要的 6 项均达到或超过国家一级标准，其他 3 项达到 2 级标准。与同类品种相比，口感佳、食味好。③抗病、抗旱、抗逆性强。经中国水稻研究所监测分析，该品种表现抗病，突出表现高抗穗颈稻瘟病，在穗颈稻瘟病大发生年份，病情指数田间调查几乎为零。在旱情最严重的 2002 年山东省湖滨稻区，旱死绝产 5 万~6 万亩，唯临稻 10 号表现出高度抗旱，获得丰收。

临沂市科技局于 2002 年 12 月 21 日组织专家进行鉴定，认为该项成果达到国内领先水平。

知识产权：水稻新品种临稻 10 号（发表在《作物杂志》2003 年第 2 期）；临稻 10 号水稻新品种的选育及生育特性（发表在《耕作与栽培》2003 年第 6 期）；水稻新品种临稻 10 号的特征特性及栽培要点（发表在《山东农业科学》2003 年第 1 期）；临稻 10 号生物学特性及栽培技术要点（发表在《中国稻米》2003 年第 5 期）。

推广应用情况：通过试验示范，临稻 10 号在临沂、济宁等稻区累计推广种植 537 万亩，获得了显著的经济效益、生态效益和社会效益。

二、粮食作物栽培

1. 夏玉米节本增效高产栽培技术研究与开发

完成单位：临沂市农业科学院

完成人：张春艳　庄克章　吴荣华　刘文振　程军　王靖　刘欣　李俊庆

奖励等级：2017 年 9 月获得临沂市科技进步奖一等奖。

成果简介：该成果依托临沂市农业科学院自选项目“夏玉米节本增效高产栽培技术研究与开发”，实施年限为 2012 年 6 月至 2016 年 10 月。

该成果主要针对以下 3 个夏玉米生产上的关键技术问题：①农民选择玉米品种比较盲目，适于机械化生产的品种缺乏。②肥料使用量过大，尤其是氮肥用量过大、施肥不平衡等问题。③化控剂使用不合理，收获偏早。开展了夏玉米适宜机械化高产品种筛选、种衣剂组合筛选、测土配方施肥、化学除草技术以及群体调控等试验，形成了一整套夏玉米节本增效高产栽培技术，解决了夏玉米生产上存在的上述问题，实现了夏玉米产量和种植效益的进一步提高。

该成果的创新点：一是针对适宜机械化生产的夏玉米品种缺乏开展适宜机械化生产的新品种筛选试验，筛选出适宜机械化生产的玉米品种 4 个。通过品种的丰产性、稳产性和机械收获损失试验，筛选出适宜机械化生产的玉米品种 4 个，为登海 605、浚单 20、郑单 958 和先玉 335。二是针对地下害虫危害和粗缩病发病严重开展了包衣剂筛选试验，筛选出 2 个高效包衣剂组合，解决了夏玉米粗缩病发病较重问题。通过包衣剂筛选试验，得出了卫福+劲苗或满适金+锐胜进行拌种可以减轻地下害虫危害、显著降低玉米粗缩病的发病率和促进玉米生长、提高玉米产量。三是针对多氮肥用量过大、施肥不平衡的问题开展了测土配方施肥技术试验，减少了肥料用量，提高了肥料利用率。建立了肥料效应的数学模型，得出在当地的试验条件下，夏玉米要获得亩产≥680kg 的产量，氮肥（N）用量为 18.68~20.94kg/亩，磷肥（P_2O_5）为 3.18~4.06kg/亩，钾肥（K_2O）为 12.31~16.22kg/亩。四是针对临沂夏玉米田杂草较多开展了不同除草剂复配试验，得出了一种除草效率高于 93% 的高效除草剂组合。通过除草剂试验，得出在禾本科杂草发生较多的玉米田，可用10%甲基磺草酮100~150g+38%莠去津100g混合液能把玉米田中绝大部分杂草除去，对杂草的整体控制效果好。

临沂市科技局于2017年1月组织专家鉴定，认为该项研究在夏玉米生产节本增效研发方面有创新，整体达到同类研究项目的国内领先水平。

知识产权：鲁南地区夏玉米优化配方施肥研究（发表在《现代农业科技》2012年第16期）；山东春玉米高产栽培技术（发表在《农业科技通讯》2015年第6期）；玉米包衣剂筛选试验（发表在《现代农业科技》2014年第1期）；鲁南地区高产玉米新品种筛选（发表在《农业科技通讯》2012年第9期）。

推广应用：本项目在实施过程中，采取室内筛选与田间试验相结合、严格按照课题组制定的技术路线进行，深化试验方案为生产应用提供了科学依据，提出的栽培技术措施操作性、实用性强，科学高效、简便易行，农民乐于接受，适于临沂市玉米产区的推广应用，狠抓了推广工作的实际效果，先后在临沂市兰陵县、莒南县和临沭县等地建立示范推广基地。累计推广应用面积213.25万亩，实现玉米平均亩产526.87kg，比当地前三年玉米平均亩产491.2kg增产34.77kg，增加玉米总产7 414.70万kg，新增玉米经济效益14 829.41万元。

2. 小麦隐性灾害防控及抗逆稳产综合技术研究

完成单位：临沂市农业科学院

完成人：樊青峰　李龙　王靖　周忠新　孔令国　胡怀华　王宝卿

奖励等级：2017年9月获得临沂市科学技术进步奖二等奖。

成果简介：该成果依托临沂市农科院自选项目“小麦隐性灾害防控及抗逆稳产综合技术研究”，实施年限为2012年9月至2016年12月。

本项目针对小麦隐性灾害在小麦生育期的各个环节已经出现或可能出现的问题，进行了 8 项抗逆、稳产、播期播量、水肥互作等方面的试验研究和大面积示范推广，合理缓解小麦隐性灾害带来的减产和品质下降等问题，提出科学有效的防灾减灾技术。通过综合研究播期与播量、氮肥与密度之间的互作关系，明确播期、播量和氮肥对小麦产量和品质的影响，确立临沂市小麦品种最佳播期为 10 月 7—17 日、最佳播量为每亩 12 万～15 万基本苗，比传统研究播期推迟 2d，基本苗下降 3 万～5 万，提高小麦抗冻耐寒性、抗旱性、抗倒性和抗病性。经过一系列水肥互作模式的细致研究，明确了小麦水肥综合运用的量价关系和最高效益，确立了小麦最佳灌溉模式为越冬水+拔节水，最佳施肥模式为氮肥 18kg/亩、磷肥 16kg/亩、钾肥 10. 5kg/亩，有机肥 100kg/亩，比农民普通施肥方式节本 10%以上，经济社会效益显著。通过对隐性灾害发生后小麦各个生育期已经出现和可能出现问题的研究与探讨，形成以合理镇压与群体调控、优化施肥与水肥高效利用，节水与稳产并进为主要内容的小麦隐性灾害防控及抗逆稳产综合技术规程。

该成果的创新点：①综合研究播期与播量、氮肥与密度之间的互作关系，明确播期、播量和氮肥对小麦产量和品质的影响，确立了临沂市抗逆稳产小麦品种最佳播期为 10 月 7—17 日，最佳播量为亩基本苗 12 万～15 万，比传统研究播期推迟 2d，基本苗下降 3 万～5 万，有效解决小麦生产中播期过早，播量过大而造成的抗冻耐寒性差、抗旱性差、抗倒性差和倒伏的弊端。②经过一系列水肥运筹、灌水量与灌水时期和不同施肥方式的细致研究，明确了小麦水肥综合运用的量价关系和最高效益，确立了小麦最佳灌溉模式为拔节水+开花水，在保障产量要素的前提下，技术推广麦区普遍少浇一次水，经济社会效益新增；最佳施肥模式为氮肥 18kg/亩（底肥 9kg，追肥 9kg）、磷肥 16kg/亩、钾肥 10. 5kg/亩，有机肥 100kg/亩，比农民普通施肥方式增产 10%以上。③通过对隐性灾害发生后小麦各个生育期已经出现和可能出现问题的研究与探讨，整合各项试验和示范数据，形成以合理镇压与群体调控、优化施肥与水肥高效利用，节水与稳产并进为主要内容的小麦隐性灾害防控及抗逆稳产综合技术规程。

临沂市科技局于2016年12月组织专家鉴定，认为该项研究小麦隐性灾害防控技术方面有创新，整体达到同类研究项目的国内领先水平。

推广应用：小麦隐性灾害几乎年年发生，农民在没有科学应对的情况下损失严重，因此小麦生产中对小麦隐性灾害防控技术要求迫切。本项目在实施过程中，采取试验示范与大面积应用推广相结合、严格按照课题组制定的技术路线进行，反复试验论证，为生产应用提供了科学依据。在示范推广过程中，注重实际示范带动效果，为了保证项目高效实施，我们在节水高产攻关与示范的同时，加大技术培训和宣传力度，通过现场指导和室内培训相结合，利用网络、电视和报刊等宣传媒介，印发宣传材料，培养技术骨干，提高群众的科技意识，把技术和配套物资落到实处，搞好示范样板田，让农民真正感受到技术是生产力，使科学技术走进千家万户，巩固和发展科技成果，极大地提高农民科学种田的水平，促进临沂市小麦生产的发展，实现了节水、增产、高效有机统一，经济效益、社会效益和生态效益显著。到2016年累计示范推广小麦隐性灾害防控技术面积361.1万亩，实现小麦平均亩产614.8kg，新增经济效益3亿元以上。

3. 小麦丰产轻简栽培技术研究与应用

完成单位：临沂市农业科学院　山东省兰陵县农业技术推广站

完成人：李龙　吴荣华　庄克章　樊青峰　李晓　周忠新　孔令国

奖励等级：2017年9月获临沂市科技进步奖二等奖。

成果简介：该成果依托国家小麦产业技术体系临沂综合试验站项目，实施年限为2011年1月至2016年12月。

本项目开展了不同地力条件下的新品种筛选、种衣剂最佳配方用量、宽幅精播技术、控释尿素施用、除草剂配方等试验，形成了一整套小麦丰产轻简栽培技术，解决了临沂市小麦生产上存在的上述问题，实现了小麦产量和规模化生产水平的进一步提高，并在临沂市兰陵、郯城和临沭等县区进行示范推广。

主要创新点有以下 4 个方面：①针对农户盲目选种的问题开展不同地力条件下新品种筛选试验。通过品种的生育期及相关农艺性状、产量及相关农艺性状试验，筛选出适宜在鲁南地区不同地力条件的小麦品种 8 个，其中高肥水地块有临麦 4 号、济麦 22、山农 20、临麦 2 号、鲁原 502，旱地地块有临 091、齐民 6 号、红地 166。②针对农户不用包衣剂，小麦病虫害发生严重的问题开展了最佳包衣剂配方用量试验，有效解决了小麦病虫害的发生，同时减少后期再次治理病虫害的问题。通过小麦包衣剂配方用量试验，60%高巧 FS 7ml+6%立克秀 20ml 配比方案的防效最好；而 60%高巧 5ml+6%立克秀 15ml 配比方案的增产效果最为明显。③针对传统模式播种量大，从而导致群体过大、无效分蘖多的问题，开展了宽幅精播试验，从而提高了群体质量，有效提高了小麦产量。改传统小行距（15~20cm）密集条播为等行距（22~26cm）宽幅播种有利于植株根系发达，苗蘖健壮，个体素质高，群体质量好，无缺苗断垄、无疙瘩苗，提高了植株的抗逆性。④针对农户多次施肥浪费人工的问题，开展了控释尿素试验，有效减少了小麦生产过程中用工量，显著提高了氮肥的利用效率。以 12kg/亩施氮量，施用控释尿素作为基肥，可以较好地提高小麦的穗粒数和亩穗数，因而达到较高的产量。

经过课题组精心组织实施，筛选出适合不同地力条件的小麦新品种 6 个，筛选出最优的种衣剂和除草剂组合，病虫害和杂草等有害生物得到科学防控。通过控释尿素试验，研究如何减少人工支出，提高氮肥利用率。该研究选题准确，技术路线科学，在小麦丰产简化栽培模式、种子包衣剂方面有创新，整体达到同类研究项目的国内领先水平。

推广应用：本项目在实施过程中，采取室内筛选与田间试验相结合、严格按照课题组制定的技术路线进行，深化试验方案为生产应用提供了科学依据，提出的栽培技术措施操作性、实用性强，科学高效、简便易行，农民乐于接受，适于临沂市小麦产区的推广应用，狠抓了推广工作的实际效果，先后在临沂市兰陵县、郯城县和临沭县等地建立示范推广基地。通过选派技术人员到乡村，利用多种机会、各种形式举办培训班、印发宣传材料，培养技术骨干，宣传科技，提高群众的科技意识，把技术和配套物资落实到实处，搞好示范样板田，让农民真正感受到技术是生产力，使科学技术走进千家万户，巩固和发展科技成果，极大的提高农民科学种田的水平，促进小麦生产的发展，实现了产量和收入的稳定增长，目前已累计推广面积248.25万亩，实现小麦平均亩产577.48kg，比当地前3年小麦平均亩产520.2kg增产57.28kg，增加小麦总产14 219.76万kg，新增小麦经济效益28 439.52亿元，取得了较好的社会效益和经济效益。

4. 稻田杂草稻综合防控技术研究

完成单位：临沂市农业科学院

完成人：刘延刚　张明红　孙然峰　张磊　魏萍　李晓霞　杜建菊　刘德友

奖励等级：2016年9月获临沂市科技进步奖二等奖。

成果简介：该成果根据水稻生产需求自选课题完成，实施时间为2013年01月至2015年12月。

该成果主要针对水稻生产上杂草稻的发生呈逐年上升趋势，对直播稻及移栽稻均产生了较重的危害。又因其似草非草、似稻非稻，使稻农难以识别，更给防除工作带来了极大的困难。在水稻生产上对杂草稻的防除仍主要依靠控制杂草稻混杂和人工拔除来预防和降低杂草稻的发生，缺乏有效的药剂和配套技术，花费了大量的人力和物力。为此，结合临沂市水稻生产实际，开展了稻田杂草稻综合防控技术研究与应用。

该成果的创新点：①该项目对临沂市稻田杂草稻的发生、分布与危害现状进行了调查，明确了临沂市稻田杂草稻有高秆（晚熟）与矮秆（早熟）两种类型，其中以矮秆型居多，危害最重。②该项目研究了临沂市矮秆杂草稻的生物学特性，发现其具有明显的籼稻特征，落粒性极强，明确了3叶期、播后45d、分蘖初期是手工拔除的关键时期，探明了杂草稻密度与水稻产量损失之间的相关关系。③该项目研究了临沂市稻田杂草稻的发生规律，发现在直播田重于移栽田，且呈现一定的地域性和簇生性；明确了临沂市稻田杂草稻发生与栽培方式、温度、土壤湿度、土层深度、土壤类型等环境因子之间的相互关系，为杂草稻的综合防除提供了理论依据。④开展了稻田杂草稻防控试验研究，明确了农业与生态措施（土壤深翻、诱发灭草等）对杂草稻的控制效果，筛选出了3种可安全用于稻田的除草剂（38%稻盛隆WP、40%直播净WP和30%扫茀特EC）。⑤研究制定出以“切断种源、合理耕作、及早拔除、巧用药剂”为核心的稻田杂草稻综合防控技术规程，为科学防治杂草稻和水稻安全生产提供了理论依据。

临沂市科学技术局于2016年1月组织专家鉴定，认为该项研究在农业措施（土壤深翻、诱发灭草）与除草剂（38%稻盛隆WP、40%直播净和30%扫茀特EC）防治稻田杂草稻方面有创新，整体达到同类研究的国内先进水平。

知识产权：临沂市水稻生产现状及可持续发展对策（发表在《山东农业科学》2011年第11期）；除草药肥对稻田杂草的防效及水稻生长发育的影响（发表在《山东农业科学》2013年第3期）；临沂市水稻田杂草稻的发生特点及防控对策（发表在《北方水稻》2016年第3期）；稻田杂草稻防控关键技术集成与推广应用（发表在《农业科技通讯》2017年第6期）。

推广应用：在临沂市水稻主产区建立了试验与防治示范基地，

通过技术讲座、科普宣传、印发资料、制作远程教育课件、召开防治现场会等形式进行技术宣传与普及。2013—2015 年累计推广 50.0 万亩，每亩新增单产 51.7kg，新增总产2 585.0万 kg，新增纯收益4 685.28万元，促进了临沂市水稻产业化进程，提高了种稻效益和临沂大米的知名度与市场竞争力，经济效益和社会效益显著。

5. 大蒜玉米周年丰产轻简栽培技术集成与推广应用

完成单位：临沂市农业科学院　山东省农业科学院玉米研究所

完成人：庄克章　陈军　丁照华　王志武　田英欣　周伟　刘晓菲　鲍敬平　全莹　陈会传　王洪英　刘丽华　王立军　姜晓飞　胡冰　王宝军　王峰　季庆亮　邵明俊　李恩福

奖励等级：2015 年 9 月获得山东省农牧渔业丰收奖二等奖，2014 年 9 月获得临沂市科技进步奖二等奖。

成果简介：本成果依托山东省现代农业玉米产业技术体系栽培与土肥岗位专家项目完成，项目编号：SDAIT-01-022-07。实施年限为 2010 年 10 月至 2014 年 12 月。

该成果主要针对大蒜、玉米接茬生产中存在的主要问题：①重茬连年障碍普遍发生，二次生长时有发生，种性退化明显；②营养元素投入失衡，生产中只片面补充氮、磷、钾大量元素，而中微量元素很少施用，土壤中营养元素生理性失衡，大蒜出现缺素症，抗病、抗逆性降低，产量和品质下降；③随着大蒜种植效益的提高，化肥连年用量大，出现过量施肥、施肥比例不平衡等问题，肥料利用效率低和地下水污染呈上升趋势；④病虫害为害越来越重。通过大蒜密度试验、控释肥料试验、主要病虫害防治药剂试验、除草剂防除试验、蒜茬夏玉米品种筛选、种子包衣、测土配方施肥、控释肥料施肥、病虫害综合防治和适当晚收等技术进行了深入研究，集成出一套适宜在山东省大蒜玉米生产区的丰产轻简栽培技术，为实现大蒜、玉米高产奠定了坚实的基础；实现了对大蒜玉米传统栽培技术的改良和取得了显著的经济效益和生态效益。

该成果的创新点为：①得出了山东省两种主要类型大蒜的合理种植密度。头薹兼用型大蒜生产上合理种植密度为3.5万株/亩左右，蒜头型大蒜合理种植密度为2.5万株/亩左右。②得出了山东省两种主要类型大蒜一次性施肥的控释肥施肥量。头薹兼用型大蒜基施18-7-16的高氮控释肥223.2kg/亩，蒜头型大蒜基施18-7-16的高氮控释肥194kg/亩。③筛选出大蒜主要病虫害、杂草的高效药剂。防治软腐病用77%多宁拌种；防治大蒜菌核病用40%菌核净拌种；防治大蒜叶枯病用80%大生M-45和50%速克灵，防治大蒜种蝇、葱蝇和豌豆潜叶蝇用1.8%阿维菌素；防治大蒜地下害虫用15%乐斯本颗粒剂，乙草胺+乙氧氟草脒+二甲戊灵3种农药复配防治兰陵县大蒜田杂草；金乡县大蒜田使用20%盖杰EC、37%蒜清二号EC、34%双打EC、37%荠菜繁缕净EC。④筛选出适于大蒜—玉米接茬连作的玉米品种。浚单20、中科11、鲁单818、登海605、先玉335、郑单958和2个玉米高效包衣剂（卫福和满适金）。形成了大蒜—玉米周年丰产轻简栽培技术。

2014年12月31日，受山东省农牧渔业丰收奖奖励委员会办公室委托，临沂市农业局组织有关专家组成鉴定委员会，对临沂市农科院完成的“大蒜玉米周年丰产轻简栽培技术集成与推广应用”项目进行了鉴定，认为该项目研究内容有重大创新，技术开发成效显著，在同类项目中，达到国内领先水平。

知识产权：发表科研论文1篇：蒜茬玉米持续高产栽培技术。

推广应用情况：在临沂、济宁、济南和聊城等地区累计推广403.6万亩，实现了鲜蒜头平均亩产1 317.7kg，蒜薹平均亩产373.1kg，玉米平均亩产693.6kg，比项目实施前分别亩增产26.9kg、24.1kg和21.8kg，新增鲜蒜头、蒜薹和玉米产量分别为10 856.84万kg、9 726.76万kg和8 798.48万kg，新增总经济效益61 171.23万元，投入产出比为1：6.07，每亩生产成本降低了6.9%。

6. 夏玉米机械化高产栽培技术研究与开发

完成单位：临沂市农业科学院

完成人：吴荣华　程军　张春艳　李新新　刘进谦　王洪英　孙钦洪

奖励等级：2015 年 9 月获得临沂市科技进步奖二等奖。

成果简介：该成果依托项目为山东省现代农业玉米产业技术体系栽培与土肥岗位专家，项目编号：SDAIT-01-022-07。实施年限为 2011 年 6 月至 2014 年 12 月。

该成果由临沂市农业科学院联合山东省兰陵县农业技术推广站共同组织实施。项目实施以来，通过设计小区试验，运用系统工程原理，对机械化品种筛选、种子包衣、控释肥料、除草剂和适时收获等诸方面进行了深入细致的研究，集成了一套夏玉米机械化高产栽培技术规程，在临沂市兰陵县、平邑县以及济宁市进行大面积高产推广，收到了良好的增产增收效果，取得了显著的经济效益和社会效益。

2015 年 1 月 17 日，临沂市科技局组织有关专家组成鉴定委员会，对由临沂市农业科学院承担的“夏玉米机械化高产栽培技术研究与开发”课题项目进行了鉴定，认为该项目的研究结果在同类研究中，达国内先进水平。

该成果的创新点：一是针对适宜机械化生产的夏玉米品种缺乏开展适宜机械化生产的新品种筛选试验，筛选出适宜机械化生产的玉米品种 4 个，为登海 605、浚单 20、郑单 958 和先玉 335。二是针对地下害虫危害和粗缩病发病严重开展了包衣剂试验，筛选出含有杀虫剂和杀菌剂的 2 个高效包衣剂组合，解决了夏玉米粗缩病发病较重问题；通过包衣剂筛选试验，得出了卫福+劲苗或满适金+锐胜进行拌种可以减轻地下害虫危害、显著降低玉米粗缩病的发病率和促进玉米生长、提高玉米产量。三是针对多次施肥浪费人工问题开展了不同地力条件下普通复合肥和控释肥掺混的一次性施肥技术试验，得出了不同地力条件下普通复合肥和控释肥的配比，中高肥力地块施用常规复合肥 20kg/亩+控释肥 20kg/亩掺混时具有最高的产投比和经济效益，低肥力地块常规复合肥 30kg/亩+控释肥 20kg/亩掺混时具有最高的产投比和经济效益。四是针对临沂夏玉米田杂草较多开展了不同除草剂复配试验，得出了一种除草效率高于 93%的高效除草剂组合。亩使用 10%甲基磺草酮 100～150g+38%莠去津 100g 对水 40kg 能把玉米田中绝大部分杂草除去，对杂草的整体控制效果好。

知识产权：发表论文 2 篇：几种微量元素对玉米产量及其经济效益的影响；玉米包衣剂筛选试验。

推广应用：针对项目指标和玉米生产发展的需要，以科学施肥技术为重点，以品种筛选、病虫害防治为纽带，对相关的栽培技术进行组装配套，制定了实施方案，经 3 年来基础研究与推广应用，将一整套夏玉米机械化高产栽培技术规范在临沂市兰陵县、莒南县和郯城县等县区大面积推广应用，累计推广面积 180.2 万亩，实现玉米平均亩产 527.6kg，比当地前 3 年平均亩产 481.2kg，增产 46.40kg，增加玉米总产 8 361.3万 kg，收到了良好的增产增收效果，取得了显著的经济效益、社会效益和生态效益。

7. 水稻黑条矮缩病综合防控技术研究

完成单位：临沂市农业科学院　郯城县精华种业有限公司

完成人：张瑞华　金桂秀　李相奎　张华　刘丽娟　刘德友　王斌　张学会

奖励等级：2014 年 9 月获临沂市科学技术进步奖二等奖。

成果简介：该成果依托临沂市农业科学院科技发展计划项目“水稻黑条矮缩病综合防控技术研究”，项目编号 2010001，实施年限为 2010 年 12 月至 2013 年 12 月。

水稻黑条矮缩病综合防控技术研究项目是临沂市农业科学院为解决目前水稻生产上出现的重大病害（水稻黑条矮缩病）应时提

出，在科学研究不断深入时又得到山东省农业重大应用技术创新课题资助，加速了该项目的研发力度，圆满完成了当初的设计目标。该成果主要调查分析鲁南临沂稻区灰飞虱越冬种群数量动态变化规律，为今后防治灰飞虱提供了理论依据；明确了水稻感染水稻黑条矮缩病的叶龄期；系统研究了覆盖防虫网育秧对水稻生长及水稻黑条矮缩病的影响；筛选出高效低毒经济环保农药防治灰飞虱和预防水稻黑条矮缩病；进行抗水稻黑条矮缩病资源的鉴定筛选及遗传研究，为抗病育种提供理论及材料支持；采用夏直播稻方式进行品种筛选，研究时间节点规避灰飞虱预防水稻黑条矮缩病技术；整合优化综合防控技术，因地制宜选择相应配套技术防黑矮提效益；该项技术操作简便，防效增产效益显著，对稳定鲁南稻区水稻生产将起到积极的作用，应用前景广阔。

该成果的创新点：一是首次系统阐述了鲁南临沂稻区稻茬麦灰飞虱越冬种群数量动态变化规律。二是首次明确提出 2 种药剂（夜光灯和康宽）对防治灰飞虱有特效且经济环保，以往报道这两种药剂仅限于防治稻纵卷叶螟。三是高抗水稻黑条矮缩病资源国内未见报道，项目组首次鉴定出两份高抗资源 TP 和盘碟谷，首次提出抗水稻水稻黑条矮缩病基因受一对基因控制。四是通过试验首次明确提出临稻 19 号目前是临沂稻区的最适宜的夏直播水稻品种。

临沂市科技局于 2013 年 12 月 30 日组织专家鉴定，认为该项研究在稻茬麦田越冬灰飞虱种群动态变化规律研究方面较为系统，有一定创新，整体达到国内先进水平。

知识产权：水稻新品种山农 601 选育及栽培技术要点（发表在《农业科技通讯》2013 年第 3 期）；山东南部临沂稻区直播稻高产栽培技术（发表在《农业科技通讯》2013 年第 8 期）；不同生态型、生态区域水稻品种对水稻黑条矮缩病的抗性反应（发表在《农业科技通讯》2013 年第 9 期）；临沂市地方系列水稻品种的选育研究与应用（发表在《农业科技通讯》2013 年第 9 期）；水稻抗黑条矮缩病品种筛选及初步遗传分析（发表在《山东农业科学》

2013 年第 5 期)；抗水稻黑条矮缩病品种筛选（发表在《江苏农业科学》2013 年第 6 期)；水稻新品种大粮 207 的选育及栽培技术要点（发表在《山东农业科学》2013 年第 5 期)。

推广应用：通过推广该项技术，可有效控制水稻黑条矮缩病的危害，对稳定水稻生产，增加农民收入将起到积极的作用。该项技术适用于鲁南临沂广大稻区，技术实施后比目前生产上的种植模式每亩增产 65kg 左右，水稻高产示范是加快新技术推广步伐的关键一环。因此项目协作组广泛进行水稻黑条矮缩病综合防控技术研究的高产示范工作。2012 年在临沂市最重要的四个水稻产区郯城县、河东区、罗庄区、兰山区等进行试验研究的同时进行高产示范。郯城县试验示范点实收百亩片 697. 5kg，通过高产示范攻关和组织观摩学习，取得了明显的高产示范效果，同年在 1 县 3 区推广面积 9. 2 万亩，2013 年推广面积 13. 5 万亩。两年共推广 22. 7 万亩，每亩增产 60. 6kg，共增加稻谷 1 375. 62万 kg；按每千克 3 元计算，累计增加经济效益4 126. 86万元，成效显著。

8. 鲁南经济带千万亩玉米高产栽培技术集成与推广应用

完成单位：临沂市农业科学院

完成人：李俊庆　谭忠　庄克章　吴荣华　张春艳　孙卿　刘纪高　闫悦敏　全莹　孟庆果　李龙　王斌　张义　王建军　刘晓菲　孙敏　孙凤阳　王文春　高兴平　沈丽

奖励等级：2012 年 9 月获得山东省农牧渔业丰收奖三等奖。

成果简介：该成果依托项目为山东省现代农业玉米产业技术体系栽培与土肥岗位专家，项目编号：SDAIT-01-022-07。实施年限为 2010 年 5 月至 2011 年 12 月。

该成果主要针对鲁南经济带玉米生产中存在的主要问题：玉米品种多、乱、杂，化肥投入量大，特别是氮肥，肥料利用率低，造成环境污染，玉米田杂草多，农民除草时除草剂选择比较盲目，收获偏早。通过对品种选择、种子包衣、测土配方施肥、控释肥料施肥、病虫害综合防治和适当晚收等技术进行了深入研究，集成出一套适宜在鲁南经济带玉米生产区的高产高效优化栽培技术规程，为实现玉米高产奠定了坚实的基础。玉米新品种推广普及率显著提高，实行优化配方施肥，降低了化肥施用量和提高了肥料利用效率，达到了节本增效的目的。

该成果的创新点：①筛选出适宜在鲁南经济带玉米生产区种植的高产品种，登海701、鲁单818、金海702、郑单958、中科11。②筛选出能促进生长、降低发病率、增产的玉米种子包衣剂，卫福和满适金。③研究出在中高肥力条件下，氮素用量为16kg/亩，一次性基施可以满足玉米整个生育期氮素需要；在本地生产条件下，在相同氮素使用量情况下，控释尿素和普通尿素按1：1比例配合使用，具有最高产量和吸氮总量；要获得600kg/亩的产量，必须施控释复合肥（18-16-16）40kg以上。④建立了氮磷钾三要素与产量间数学模型肥料效应的数学模型为：$y = 725.59 + 28.27X_1 + 18.47X_2 + 21.76X_3 - 11.40X_1^2 - 18.89X_2^2 - 18.05X_3^2 + 18.90X_1X_2 + 7.65X_1X_3 + 4.43X_2X_3$ 复相关系数 $R = 0.8897^{**}$，X_1（N），X_2（P_2O_5），X_3（K_2O），为科学施肥提供了依据。⑤通过药剂防除试验，得出10%甲基磺草酮100～150g和38%莠去津100g混合后对水40kg，能把玉米田中绝大部分杂草除去，对杂草的整体控制效果最好。⑥鲁南经济带玉米生产区适宜在10月5日前后收获。形成了玉米高产高效栽培技术。

2011年12月31日，受山东省农牧渔业丰收奖奖励委员会办公室委托，临沂市农业委员会组织有关专家组成鉴定委员会，对临沂市农业科学院完成的“鲁南经济带千万亩玉米高产栽培技术集成与推广应用”项目进行了鉴定，认为该项目在国内同类项目中，达国内先进水平。

知识产权：发表2篇论文：鲁南地区夏玉米优化配方施肥研究；鲁南地区高产玉米新品种筛选。

推广应用：在临沂、济宁、枣庄等市区进行大面积高产推广与应用，实现玉米平均亩产 502.3kg，比当地前三年玉米平均亩产 480kg 增产 22.3kg，推广应用面积 1 040.6万亩，增加粮食总产 2.321 亿 kg，新增总经济效益 3.713 亿元。

9. 超级玉米新品种引进与开发

完成单位：临沂市农业科学院

完成人：庄克章　李俊庆　吴荣华　谭子辉　刘玉芹　陈香艳　李龙　张素梅

奖励等级：2011 年 9 月获得临沂市科技进步奖一等奖。

成果简介：该成果依托临沂市科技局 2006 年下达的市科技发展计划项目“超级玉米新品种引进与开发”，项目编号 061108-2，实施年限为 2006 年 3 月至 2010 年 12 月。

该成果针对临沂市玉米生产中存在的主要问题：缺少高产抗病的玉米品种、高产品种群体偏小、施肥技术不合理。引进了具有超级玉米特征的新品系鲁单 818，构建了鲁单 818 的合理高产群体，优化配方施肥降低了肥料施用量。项目推广应用区玉米良种普及率达到 90%以上，鲁单 818 增产效果显著，涌现了一批高产典型，项目示范推广区玉米单产超过 800kg/亩的地片达3 000多亩，为带动项目的实施和促进地区经济发展起到了良好作用。保护了农业生态环境。配方施肥技术的普及和推广相应培肥了土壤，保护和改善了农业生态环境。

该成果的创新点：①鲁单 818 是一代杂交种，组合为 Qx508/Qxh0121。母本 Qx508 是 295M/郑 58//郑 58 为基础材料采用药物诱导孤雌生殖方法选育，父本 Qxh0121 是以 Lx9801 为核心与 K12、吉 853 和武 314 组配成小群体后选育。②该品系具有优良的株型和较强的生长势，叶片大小适中，通风透光性好，干物质积累能力强，抗病性强，产量结构因素合理，综合性状良好。③改造和升级完善传统的玉米栽培技术，形成标准化、无害化、绿色安全的生产模式和应用节水、平衡配方施肥、化除化控、有害生物的安全控制等综合高效规范增产技术。④解决了高产与优质的矛盾，实现了高产与优质的统一，测产验收田714.2kg/亩，比当前主栽对照组农大108增产20.75%，具有800kg/亩以上的增产潜力。籽粒容重737g/L，粗蛋白含量9.38%，粗脂肪含量4.43%，粗淀粉含量73.96%，达到国标二级以上指标，容重≥685g/L，粗蛋白含量≥9.0%。适宜于生产的要求和利用。形成了鲁单818高产栽培技术。

2011年1月11日，临沂市科技局组织有关专家组成鉴定委员会，对临沂市科技局立项由临沂市农科院主持完成的“超级玉米新品种引进与开发”课题项目进行了鉴定，认为该项目的研究结果在同类研究中，达国内先进水平。

推广应用：在临沂市莒南、临沭、费县、沂南、沂水等县区累计推广153.2万亩，实现玉米平均亩产617.44kg，比当地玉米平均亩产473.9kg增产63.54kg，增产13.4%，增加粮食总产9 734.33万kg。

10. 稻瘟病发生规律及防控技术研究

完成单位：临沂市水稻研究所

完成人：赵秀山　徐德坤　王信远　杨美良　崔爱华　刘颖　李敬瑞

奖励等级：2010年9月获临沂市科技进步奖二等奖。

成果简介：“稻瘟病发生规律及防控技术研究”属自选课题，实施年限为2000年1月至2009年12月。

稻瘟病是最严重的水稻病害之一，流行年份，一般减产10%~20%，严重情况可达40%~50%，局部田块甚至颗粒无收。近年来，稻瘟病有严重发生的趋势。临沂市在2000年、2003年和2008年水稻稻瘟病（主要是穗颈瘟）严重发生，造成大面积严重减产甚至绝产，有的地方部分农民为此上访，不但造成严重经济损失，也影响了社会安定。在临沂市水稻生产中，由于对稻瘟病的发生规律尚不清楚，防治上存有很大的盲目性和随意性，防治效果差。为有效地控制该病的发生，从2000年开始对稻瘟病的发生规律及防控技术进行了研究，并进行了示范推广，获得了显著的经济效益和社会效益。

该成果解决的主要问题：①本研究明确了稻瘟病的发生规律。通过对稻瘟病影响因素的调查研究表明，品种抗病性有差异；适当增施钾肥，可提高抗病能力；适当增大水稻行距，可减轻稻瘟病发生；7—8月如果阴雨天多，则叶瘟发生严重。8月下旬至9月上旬气温下降到20℃左右，若连续阴雨，穗颈瘟往往严重发生；叶瘟与穗颈瘟呈正相关，叶瘟发生越重，穗颈瘟的发生也越重；剑叶叶枕发病率与穗颈瘟呈正相关，叶舌发病率越高，穗颈瘟有发生越严重的趋势。②本研究分析了水稻穗颈瘟病严重发生的原因。主要是气候条件适宜发病、大面积种植感病品种、防治失时和栽培管理不当等。③进行了防治药剂筛选试验。通过试验筛选出了30%爱苗乳油20ml/亩、20%三环唑可湿性粉剂100g/亩、25%润通（丙唑、多菌灵）悬乳剂30ml/亩，对水稻叶瘟病及穗颈瘟病有较好的防效。试验表明，以水稻破口期、齐穗期各用药一次为穗颈瘟病的防治适期。④通过系统研究，制定出了选用抗病品种、种子处理（水稻种子在播种前的晒种、选种、消毒、浸种和催芽等环节通常称为种子处理，目的在于提高种子的发芽率、整齐度和减少种谷带病）、处理病稻草、加强栽培管理、科学进行药剂防治（可选用30%爱苗乳油20ml/亩防效或20%三环唑可湿性粉剂100g/亩或25%润通（丙唑、多菌灵）悬乳剂30ml/亩等，对水50~60kg，均匀喷雾）的稻瘟病防控技术规程，并进行了大面积推广应用。

该成果的创新点：①该项研究同国内外同类研究相比，率先摸清稻瘟病在鲁南稻区的发生危害规律，找出了叶瘟和剑叶叶枕发病与穗颈瘟的关系，建立了回归关系式，为预测预报和科学防治提供了理论依据。②在防控技术的整合上具有创新性，降低防治成本，提高防治效果，减少稻瘟病的危害损失，确保粮食安全生产，维护社会的安定。

临沂市科技局于2010年1月28日组织专家进行鉴定，认为该项研究达到国内北方稻区同类研究的领先水平。

知识产权：水稻穗颈瘟病的防治研究（发表在《安徽农业科学》2004年第5期）；水稻穗颈瘟病的发生与防控技术（发表在《种子世界》2012年第1期）；水稻稻瘟病发生原因及防治对策（发表在《农业科技通讯》2012年第3期）。

推广应用：通过试验示范，以点带面，在郯城县、河东区、兰山区等稻区对稻瘟病综合防治技术累计推广115万亩，获得了显著的社会效益、生态效益和经济效益。

11. 有机水稻高产栽培技术研究

完成单位：临沂市水稻研究所（现临沂市农业科学院水稻研究所）

完成人：杨英民　赵理　赵秀山　李相奎　金桂秀　陈祖光　张瑞华　马宗国　王新娟

奖励等级：2007年8月获临沂市科技进步奖二等奖。

成果简介：该成果依托2002年临沂市科技局下达给临沂市水稻研究所的科技攻关课题。实施年限为2002年至2006年。

该成果针对20世纪60年代以来，化学合成肥料及农药的大量施入农田，导致土壤板结、环境污染，生产的农产品有毒物残留量增多，品质下降，严重危害着人类的健康和生存。发展有机大米具有十分广阔的前景和巨大的市场潜力。近年来，中国在世界有机农业蓬勃发展的推动下，已逐渐认识到发展有机农业的重要性，一些出口企业纷纷开展有机农产品的生产加工、出口，但有机大米的生产基本还是空白。为此，临沂市水稻研究所于2002—2006年对有机大米的生产、加工进行了研究。一是进行以有机大米生产为中心的优质高抗水稻新品种的选育及引进，选育出临稻12号、引进8867等水稻新品种，并进行了优质抗虫育种工作。二是开展了栽培技术研究：明确了有机大米生产基地的条件和要求；进行了小麦、水稻秸秆还田培肥地力技术研究，摸清了稻麦两作秸秆还田技术；明确了可使用的肥料和使用方法；进行了有机稻栽培育秧技术研究，明确了有机水稻大田插秧和田间管理技术；在施足基肥的基础上，根据品种特性，确定插秧规格，一般每墩2~3苗，插秧要做到浅、直、匀、足，秧苗整齐一致；摸清了有机水稻的收获时机和干燥方法。三是试验总结出了有机水稻病虫草害综合防治技术：选用抗病水稻品种；搞好种子处理，减少菌源；消灭毒源植物；农事操作灭卵治虫；利用稻糠控制杂草；稻田养鸭除草治虫；利用频振式杀虫灯控制水稻害虫；应用生物农药防治水稻病虫草害。总结完善了有机大米的综合研究与开发技术规程。

该成果的创新点：一是选育并筛选出了适于有机稻栽培的水稻新品种临稻10号和临稻12号。临稻10号是由临“89-27-1”和“日本晴”杂交而成，具有优质、高产、抗病的优点；临稻12号是用“豫粳6号”物理诱变、辐射培育而成，比对照品种豫粳6号增产12.1%，增产幅度达极显著水平，尤其以米质优良而著称，2006年4月通过山东省农作物品种审定委员会审定。二是进行了小麦、水稻秸秆还田培肥地力技术研究，摸清了稻麦两作秸秆还田技术。三是研究总结出了种子处理、培育壮秧、培肥地力、科学管理等有机稻栽培新技术。四是试验研究出了消灭毒源植物、稻糠控制杂草、稻田养鸭除草治虫、利用频振式杀虫灯及加强栽培管理控制水稻病虫等防治技术。五是总结出了有机水稻栽培病虫草害综合治理技术体系。

临沂市科技局于2007年1月组织专家鉴定，认为该项研究筛选的适于有机栽培水稻新品种临稻10号和临稻12号推广价值高，小麦、水稻秸秆还田培肥地力技术研究，消灭菌源和毒源植物、稻糠控制杂草、稻田养鸭除草治虫、利用频振式杀虫灯及加强栽培管理控制水稻病虫等综合防治技术，总结出了种子处理、培育壮秧、培肥地力、科学施用有机肥等有机稻栽培技术规程，技术先进实用，达到国内同类研究的先进水平。

推广应用：在取得阶段性成果的同时，在莒南县和沂南县进行了示范推广。2005 年示范推广 10 亩，2006 年示范推广 70 亩，共推广面积 80 亩，每亩平均新增纯收益1 077元，依据中国农业科学院农业经济研究所 1991 年 8 月制定的《农业科研成果经济效益计算方法》，已获经济效益 5. 9151 万元，预计再推广 3 年，还可能产生的经济效益为8 758. 0702万元，将会获得很好的社会效益、经济效益和生态效益。

三、经济作物育种与栽培

1. 高产优质花生品种选育与产业化开发

完成单位：临沂市农业科学院　莒南科源花生研究所　施可丰化工股份有限公司　临沂丰邦植物医院有限公司

完成人：冷鹏　唐洪杰　王江山　王俪晓　邵明升　姜启双　陈效东

奖励等级：2017 年 11 月获中国产学研合作创新奖二等奖；2017 年 11 月获临沂市科技进步奖二等奖。

成果简介：该成果依托 2009 年山东农业良种工程课题完成，实施时间为 2009 年 1 月至 2014 年 12 月。

该项目属于现代农业技术领域。项目针对当前花生品种单一滞后，科学合理的配套栽培技术应用有限等问题，采用单项研究与综合集成结合的技术路线，通过花生发育规律和生理特性研究，进行了种质创新；研究花生高效高产施肥、无公害植保、高效安全化控和全程机械化生产等技术；集成优质高产高效安全栽培技术体系，进行了试验示范和大面积辐射推广，提高产量和品质，增加经济效益。

该成果的创新点：①种质资源综合利用研究有重大创新。育成优质高产花生新品种“临花 5 号”“临花 6 号”和“科花 1 号”。

新品种被评选为山东省的主导品种，进行大面积推广。②花生施肥技术优化创新。研究出“两肥一减”高效氮肥施用技术，比传统施用纯普通氮肥增产18%以上，比施用纯缓释肥增产9%以上；研究出“分散分层、线面结合”高效增产施肥技术，与传统施肥方式相比，氮、磷、钾肥利用率分别提高4.5%、2.2%和3.8%，增产13.6%。③花生无公害综合植保技术取得重大进展。筛选出经济有效、安全缓释农药，确立辛硫磷微胶囊剂+施乐时拌种防治花生根部病害和蛴螬方法；明确爱苗、爱可防治叶部病害效果良好；研究了黑色地膜覆盖栽培除草及增产效果，减少使用除草剂，降低农药残留，避免“白色污染”，并且省时省工，增产效果良好。④确立花生高效安全化控技术。筛选出安全高效化控剂，研究了少量分次安全用药技术，明确了在花生盛花末期2次隔周喷施壮饱安或“烯效唑+多菌灵”可有效控制花生徒长，抗倒防病，且防早衰，促进果饱、提高产量。⑤花生生产全程机械化农艺技术示范。

临沂市科技局于2014年12月组织专家鉴定，该课题选题正确，技术路线合理，推广面积大，经济效益显著。在花生优化施肥、安全化控等技术研究上有创新和突破，在同类研究中达国内领先水平。

知识产权：项目实施过程中申请专利5项。高效控释复合肥料及其制备方法（发明专利CN 101723754 B）；缓慢释放型氮磷钾复合肥料及其生产方法（发明专利CN 101503322 B）；一种多功能复混肥料增效剂（发明专利CN 102557815 B）；一种植保钉（实用新型专利ZL 2015 2 0129727. X）；一种施肥器（实用新型专利ZL 2015 2 0294543. 9）。

推广应用：项目研究成果转化获得极其显著的经济社会效益。优质高产高效安全栽培技术体系以临沂为核心示范区，辐射带动了日照、济宁、泰安、潍坊、青岛等地示范推广650万亩，花生平均亩产547.4kg，新增产量26 200万kg，每亩新增纯收益314.4元，已获经济效益142 957万元，经济效益极其显著。

2. 优质特色甘薯新品种选育及超高产栽培技术研究与示范

完成单位：临沂市农业科学院　费县农业技术推广站

完成人：徐玉恒　全莹　马宗国　王立军　沈庆彬　任庆烨　姚夕敏

奖励等级：本项目2017年9月获得临沂市科技进步奖二等奖。

成果简介：该成果依托2013年下达的临沂市科技发展计划项目，编号为201312031，实施期限为3年。

本项目属于作物新品种选育与农业高新技术应用领域。针对甘薯产业发展中存在的优质专用品种缺乏、栽培技术粗放、产业化水平低、效益差等突出问题，开展了高效育种技术、新品种培育、标准化栽培与加工技术等系统研究，形成了如下创新成果：①创新利用甘薯种质资源，培育出紫色甘薯新品种临薯2号，引进筛选出了特色甘薯品种济薯26、苏薯8号、龙薯9号、济薯21、烟薯25，加快了甘薯品种的更新换代，解决了本地区优良品种缺乏的问题，对临沂市甘薯生产发展具有重要现实意义。②开展了密度、施肥、新型地膜等试验研究，探明了在临沂生态条件下苏薯8号、济薯26的高产生理特性；明确了顶段苗栽插的增产机理，探索了以“顶段壮苗”栽插的高效栽培技术，改变了传统的薯苗剪段混栽习惯；总结出了“网、喷、浸、封、诱、杀”的特色甘薯病虫草害综合防控技术模式。③集成建立了一套以“精选品种和顶段苗、精准防控病虫草害”为核心的高产高效栽培技术体系。应用于甘薯生产企业和生产基地，实现了产量与品质协同提高，有力推动了甘薯生产向标准化方向发展。④形成的可推广应用技术。

课题组以“创新利用种质资源、筛选培育优质抗病新品种、研发标准化栽培技术”等关键技术创新为主线，开展了高效育种技术、新品种培育、标准化栽培与加工技术等系统研究，集成建立了一套以“精选品种和顶段苗、精准防控病虫草害”为核心的高产高效栽培技术体系，本成果达到国内同类研究的先进水平。

知识产权：①制定临沂市地方标准 2 项。“鲜食型甘薯无公害高产栽培技术规程”编号为 DB3713/T 103—2017；“丘陵旱地甘薯高产栽培技术规程”编号为 DB3713/T 102—2017，2017 年 5 月由临沂市技术质量监督局发布实施。②发表论文 4 篇。临沂市丘陵旱地特色食用型甘薯新品种产量比较试验（发表在《农业科技通讯》2016 年第 4 期）；临沂市食用型甘薯生产优势与标准化栽培技术集群（发表在《农业科技通讯》2015 年第 5 期）；优质专用高淀粉型甘薯新品种引进筛选试验（发表在《中国种业》2015 年第 2 期）；不同栽植密度下济薯 22 生长动态和产量比较试验（发表在《中国种业》2014 年第 3 期）。③编写新型职业农民培训教材《现代农作物生产技术》，2015 年 7 月由中国农业科学技术出版社出版，其中甘薯篇介绍了甘薯的新品种与栽培技术发展概况。

推广应用：自 2014 年以来，课题组在甘薯主产区，建立“科研创新团队+基层农技推广体系+新型农业经营主体”的新型农业科技服务模式，强化与基层农技推广体系的衔接与配合，加大对龙头企业、农民合作社、家庭农场、种植大户等新型农业经营主体的科技服务与支持，先后建立甘薯高产示范基地 16 个，面积达 1.2 万亩，不断辐射带动周边地区扩大示范应用，举办各种类型技术培训班 70 余期，培训人员 5 000余人次，举办大型现场规模会 12 次，参加观摩人员 1 000余人次，结合基地示范和网络、电视等新闻媒体，广泛宣传项目成果和技术，有力的稳定了种植面积，促进了甘薯产业的快速发展，累计辐射推广面积达 132 万亩，新增鲜薯 6.15 亿 kg，农民新增收益 3.52 亿元，创造出较高的种植经济效益。

3. 丘陵旱地花生优质高产栽培技术示范与推广

完成单位：临沂市农业科学院

完成人：赵孝东　王斌　孙伟　田磊　卞建波　党彦学　邵长远。

奖励等级：2017 年 9 月获临沂市科技进步奖二等奖。

成果简介：该成果根据临沂市花生主产区需求自选课题完成，实施时间为 2013 年 4 月至 2015 年 12 月。

本项课题在实施过程中，抓住品种筛选、优化施肥、保水剂使用的相关栽培技术研究和在栽培技术规范制定的基础上的大面积示范与推广，就花生在抗旱品种筛选、优化施肥及保水剂使用的配套技术方面进行了全面系统研究，获得了丘陵旱地条件下，最佳的栽培方案，为解决水、肥等资源利用率，充分利用环境光热资源，实现丘陵旱地花生高产稳产提供了理论依据。主要取得以下五个方面成果：①花生抗旱品种推广普及率显著提高。以推广应用优质、高产、抗旱、综合性状优异的山花 9 号、花育 36 号等花生新品种，实现了花生良种大面积推广更新。②施用花生专用肥，达到了增产增效的目的。通过使用不同类型肥料，筛选出适宜丘陵地区推广应用的温控肥。在大面积推广应用工作中，课题组始终把施用温控肥等关键技术措施当作创新丘陵旱地优质高产栽培新技术的重要措施来实施，使肥料利用率显著提高，经济效益和生态效益明显增加。③施用保水剂，提高旱地保墒，解决丘陵旱地浇灌难及地膜覆盖带来白色污染等问题。在丘陵旱地种植花生施用保水剂，防止植株早衰效果较好，可有效提高植株的绿叶数、饱果率、百仁重、出仁率，在相同的施肥水平和管理措施下，施用保水剂，可满足植株生育期对水的需求，解决丘陵旱地浇灌难及地膜覆盖带来白色污染等问题，提高单位面积花生的产量。④经济效益显著。根据 2013—2015 年该项栽培技术的推广应用统计表明，实现花生平均亩产 453. 2kg，比当地前三年花生平均亩产 387. 2kg 增产 66kg，增加花生总产 9 583. 2万 kg，新增花生经济效益 31 445. 2万元。⑤社会效益和生态效益显著。一是促进了区域特色经济发展，增加了农业生产效益。项目推广应用区高产抗旱花生良种普及率达到 70%以上，增产效果显著，农民满意，这必将为花生产业化及区域特色经济发展提供强劲支撑，发挥出更大效益。二是通过种植优良花生抗旱新品种，增加了农民收入。实施项目培训了一支农民技术队伍，提高了生产者的科技素质。农民不仅从实施项目中学到了花生高产栽培技术，提高了花生种植水平，而且还从中增加了收入，获得了很好的经济效益，农民得到了实惠。涌现了一批高产典型，项目示范推广区花生单产超过 400kg/亩的地片达 5 万多亩，为带动项目的实施和促进地区经济发展起到了良好作用。三是保护了农业生态环境。项目实施以来，由于花生专用肥料的配合使用增强了花生抗病虫能力，保水剂的使用增强了土壤的保墒能力，减少了地膜的使用，发展了绿色有机农业，减少了环境污染，保护和改善了农业生态环境。

该成果的创新点：一是针对丘陵旱地花生品种杂乱，筛选出适合的抗旱品种。筛选出适合丘陵旱地的花生抗旱品种为山花 9 号、花育 36 号。二是对花生专用肥料进行了比较试验，得出了用温控肥与施用生物酵素有机肥及硫酸钾型花生专用肥相比，可有效提高植株的出苗率、饱果率、百果重、百仁重、出仁率。施用温控缓释肥比施用硫酸钾型花生专用肥亩增产 12.8%，增产幅度明显。三是针对干旱胁迫造成减产等问题，开展了保水剂应用试验。在丘陵旱地种植花生施用保水剂比不施用保水剂每亩增产最高达 22%，增产效果显著，同时解决丘陵旱地浇灌难及地膜覆盖带来白色污染等问题。

临沂市科技局于 2016 年 12 月组织专家鉴定，认为该项研究选题准确，技术路线合理，整体达到同类研究项目的国内领先水平。

知识产权：耐旱花生品种筛选试验（发表在《安徽农业科学》2014 年第 9 期）；丘陵旱地花生专用肥料试验（发表在《农业科技通讯》2017 年第 2 期）。

推广应用：该项目在临沭县、莒南县、郯城县、平邑县、蒙阴县，进行了大面积推广应用。经三年实施，累计推广面积 145.2 万亩，增加花生总产 9 583. 2万 kg，新增花生经济效益 31 445. 2万元，推广面积大，经济效益和社会效益显著。

4. 鲁南山区旱地花生优质高产关键技术集成研究

完成单位：临沂市农业科学院

完成人：谭忠　李辉　张李娜　张明红　赵孝东　李敬瑞　孙伟　卞建波

奖励等级：2017 年 9 月获得临沂市科技进步奖二等奖。

成果简介：该成果依托临沂市科技发展计划项目“鲁南山区旱地花生优质高产关键技术集成研究”。实施年限为 2014 年 1 月至 2015 年 12 月。

该成果解决的主要问题及创新点：①研究制定出了适宜鲁南地区旱地花生品种推广应用方案。筛选鉴定出适宜鲁南花生产区花生生产推广应用的花育 33 号、山花 9 号和冀花 4 号等 3 个花生新品种，为大面积生产利用提供了科学依据。②对旱地花生生长发育规律进行了系统研究。运用 Logistic 方程拟合技术对鲁南花生区旱地花生荚果重量和体积变化过程进行研究，摸清了鲁南地区旱地花生的生育进程和旱地花生荚果形成规律；摸清了丘陵旱地降水量与花生需水规律；对 20 个 5 000kg/hm^2以上典型地块的产量构成因素进行相关分析与通径分析，明确了鲁南花生区旱地花生高产的途径与肥、水调控的主攻方向。③筛选出了 1 种适宜鲁南生态区旱地花生生产应用的抗旱保水肥，研究完善了其使用技术，经试验示范与大面积应用，可有效提高旱地花生的抗旱能力。④研究制定了花生主要害虫蛴螬防治方案。用 30%辛硫磷微胶囊悬浮剂拌种，平均每亩增产 69. 3kg，增产率达 15. 78%。一次性施用，即可控制花生田全生育期蛴螬的危害。⑤研究筛选出花生病害防治药剂、使用时期及用量。每亩施用爱苗 20ml，每 10ml 对水 15kg，均匀叶面喷雾，7 月中旬和 8 月上旬连喷 2 次，可有效地防治花生叶部病害。⑥研究确立了花生施肥依存度。施肥依存度从大到小依次为氮>钾>磷，分别为 29.7%、28.4%、25.1%；当施氮肥 80kg/hm^2、施磷肥 90kg/hm^2、施钾肥 120kg/hm^{2}时，花生产量达到最高；研究明确了花生施用氰氨化钙，用量为 75kg/hm^{2}时花生可获得最大经济产量和经济效益；研究证明施用硼肥能显著提高花生产量，花生在苗期、初花期和荚果期各喷施硼肥一次，增产效果最佳；研究证明施用钼肥能提高花生产量，钼肥拌种最佳用量为 1kg 花生种子用 1.5g 钼酸铵拌种。

形成的可推广应用的技术：鲁南地区旱地花生优质高产栽培技术。

2016 年 12 月 11 日，临沂市科技局组织有关专家组成鉴定委员会，对临沂市农业科学院承担的“鲁南花生区旱地花生优质高产关键技术集成研究”项目进行了成果鉴定，认为该项目立题准确，针对性强，技术路线科学合理，在同类研究中居国内领先水平。

知识产权：发表研究论文 3 篇，取得专利授权一项。新型保水缓释肥在花生上的应用研究（发表在《现代农业科技》2015 年第 16 期）；沂蒙山区丘陵旱薄地花生新品种引进与筛选试验（发表在《现代农业科技》2013 年 19 期）；不同药剂防治花生蛴螬药效研究（发表在《现代农业科技》2013 年第 16 期）；一种新型花生摔果器，专利号：ZL 2014 2 0755731.2，授权公告日：2015 年 5 月 13 日。

推广应用：该成果在临沂市沂水、临沭、莒南和兰陵等多个县进行了大面积推广，2014—2015 年累计推广面积 198.1 万亩，平均产量 418.5kg/亩，较传统栽培技术增产 26.9%，取得了很好的增产效果，证明本项目研究的花生新品种高产栽培技术是一项较为稳定、成熟的技术。

5. 黄淮夏大豆新品种高产栽培技术研究与集成推广

完成单位：临沂市农业科学院

完成人：张素梅　刘玉芹　谭子辉　季洪明　朱春峰　李美凤　宿刚爱

奖励等级：2016 年 9 月获得临沂市科技进步奖二等奖。

成果简介：该成果依托临沂市农业科学院 2013 年批准立项的自选项目和 2014—2015 年与山东省农业科学院合作试验“齐黄 34 配套栽培技术试验研究”项目。研究了研究黄淮流域夏大豆播期、密度、施肥等高产因子对齐黄 34 大豆产量质量的影响，完善大面积高产高效增产技术，在黄淮流域推广应用。

该项目解决的主要问题及创新点如下：①系统研究了“齐黄 34”大豆品种的形态特征与生理特性，明确了高产栽培的生育规律和丰产生理指标，掌握了其高产丰产性能。采用二因素随机区组试验设计，研究分析密度对其产量和产量因子的影响。得出齐黄 34 是一个在播期上适应性较宽的品种，齐黄 34 具有较好的适应性，在 6 月上旬到 7 月中旬正常播种，均能正常成熟，要获得较高的产量应尽早早播。在黄淮适种区 0. 7 万~1. 9 万株/亩保苗密度范围内，均能实现较高的产量，最适密度为 1. 1 万~1. 5 万株/亩，为获得较高的产量，在不同播种时期应注意搭配不同的保苗密度，早播宜稀，晚播宜密。为“齐黄 34”科学栽培、高产稳产和指导黄淮流域夏大豆生产提供了科学依据。②作物肥料使用效果受土壤基础肥力的影响，在临沂市的黏壤土条件下在施用尿素 3kg/亩、磷酸二铵 15kg/亩、硫酸钾 5kg/亩和大豆复合肥 18kg/亩的条件下，齐黄 34 能达到产量和蛋白含量的最佳潜力发挥，该技术能使蛋白质含量提高，同时兼顾产量，而对于脂肪含量不宜考虑太多。大豆鼓粒初期是籽粒形成的关键时期，追施氮磷钾复合肥，促荚、促鼓粒，增加单株有效荚数、单株粒数和百粒重。大豆鼓粒期喷施磷酸二氢钾等叶面肥，可以促进光合产物的增加，加快光合产物向产量器官运输和积累，一般能使百粒重增加 1. 5~2. 0g，增产率提高 5%~8%。适当的补充微量元素也是一项经济有效的增产办法，可以在喷施叶面肥的同时加喷钼、锰、锌等微肥。③科学生态防治病虫害技术。夏大豆生育期间易受多种病虫危害。苗期主要害虫有蚜虫、棉铃虫、红蜘蛛等，花期是伏蚜与造桥虫盛发期，鼓粒期害虫主要有食心虫、豆天蛾等。对造桥虫可用甲氨基阿维菌素苯甲酸盐防治，对豆蚜可用吡虫啉喷雾防治，对豆天蛾、豆荚螟用高效氯氰菊酯防治。“齐黄 34”高抗病毒病和霜霉病，若零星发生，可喷施杀菌剂。④齐黄 34 配套高产栽培技术集成与推广。结合试验研究，以大豆产量构成因素、产量形成过程和水肥产量效应为理论基础，根据夏大豆的生产条件和高产创建经验，综合组装出高产、高效、简约的齐黄 34 栽培技术规程一套。该技术规程科学先进，具有较强的可操作性，农民易于接受，熟化程度高，是我国黄淮夏大豆栽培技术开发的重要技术储备，依据该规程极大地促进了我国黄淮流域夏大豆生态管理技术和生产水平的提高。

2016 年 1 月 17 日，临沂市科技局组织有关专家对该项目进行了科技成果鉴定，认为该项目成果在同类项目研究处于国内先进水平。

知识产权：发表相关文章 1 篇。播种期和密度对大豆品种齐黄 34 产量的影响（发表在《作物杂志》2016 年第 2 期）。

推广应用：2013—2015 年该成果在黄淮流域夏大豆产区累计示范推广 145. 6 万亩，平均亩产夏大豆 233. 6kg，较夏大豆平均产量亩增 43. 6kg，获总经济效益 2. 3 亿元。

6. 花生单粒精播高产配套技术示范与推广

完成单位：临沂市农业科学院

完成人：吴荣华　庄克章　徐玉岭　张春艳　王琳　刘纪高　龚艳艳　刘晓菲

奖励等级：2016 年 9 月获得临沂市科技进步奖二等奖。

成果简介：该成果依托临沂市农业科学院自选项目“花生单粒精播高产配套技术示范与推广”，实施年限为 2011 年 4 月至 2013 年 12 月。

该项目由临沂市农业科学院组织实施，针对花生栽培过程中种植密度不合理、施肥量过大、病虫害防治效果差、化控剂使用不科学等问题，以科学施肥技术为重点，以品种筛选、病虫害防治为纽带，对相关的栽培技术进行组装配套，制定了实施方案，经过3年的基础研究与推广应用，制定一整套花生单粒精播高产栽培技术规范，既减少了种子用量和化肥使用量等生产成本，又提高了花生生产效率，有效的增加了农民收入，促进了农业集约化、规模化发展。在临沂市兰陵县、莒南县和临沭县组织了大面积推广应用，收到了良好的增产增收效果，取得了显著的经济效益、社会效益和生态效益。

2016年1月17日，临沂市科技局组织有关专家组成鉴定委员会，对由临沂市农业科学院承担的“花生单粒精播高产配套栽培技术示范与推广”项目进行了鉴定，认为该项目研究结果在同类研究中达国内先进水平。

该成果的创新点：一是针对花生种植密度不合理，通过密度试验得出了单粒精播的合理种植密度。花生单粒精播最佳种植密度的适宜范围值为13 000~14 000株/亩，密度13 000株/亩时个体与群体结构协调合理，为最佳种植密度。二是针对花生施肥量过大的问题，开展了氮、磷、钾优化配方施肥试验，得出了氮、磷、钾的合理配比，降低了化肥施用量，确立了花生籽仁要获得亩产≥350kg的产量，N、P、K施肥配方为纯氮肥16.36~25.45kg，P_2O_5 15.97~22.47kg，K_2O 18.26~25.32kg。三是针对花生病虫害防治效果差，开展了防治蛴螬和叶部病害的药剂筛选试验，得出了防治蛴螬和叶部病害的高效药剂。用35%辛硫磷微胶囊剂拌种，防效可达76.88%以上，平均亩增产69.3kg，增产率达22.63%；一次性施用，即可控制花生田全生育期蛴螬的危害；拌种时加上施乐时，还有防治花生根部病害的作用；筛选出花生叶部病害防治药剂、使用时期及用量，每亩施用爱苗20ml，对水30kg，均匀叶面喷雾，7月中旬和8月上旬连喷2次，可有效地防治花生叶部病害，防效达 64.8%。四是针对化控剂使用不科学，开展了化控剂筛选试验，得出了花生化控剂应使用“花生六不愁”或壮饱安，若使用多效唑会加重花生叶斑病的发生和在土壤中残留大。

知识产权：发表科研论文 1 篇：单粒精播模式下种植密度对花生经济性状及产量的影响。

推广应用：本项目针对临沂市花生生产中存在的主要问题开展高产花生密度试验、优化配方施肥试验、病虫害防治试验和化控剂试验，形成了一整套花生单粒精播高产栽培技术，实现了花生产量的进一步提高，并在临沂市兰陵县、莒南县和临沭县组织了大面积推广，平均花生亩产 389.5kg，比当地花生前 3 年平均亩产 364.1kg，增产 25.4kg，三年累计示范 112.3 万亩，增加花生总产 2 852.4万 kg，同时取得了显著的社会效益。

7. 大豆新品种临豆 9 号选育及配套技术研究与推广

完成单位：临沂市农业科学院

完成人：张素梅　刘玉芹　王斐　彭金海　季洪明　刘德友　崔晓梅　曹佃雪　徐恒安　吴晓燕　李学运　杨文玲　张洪春　刘凌霄　夏珍华　班昕　张谦　沈兆堂　宿刚爱　李美凤

奖励等级：2015 年 9 月获得山东省农牧渔业丰收奖二等奖，2016 年 1 月获得山东省农业科学院科技进步奖一等奖。

成果简介：该成果依托临沂市农业科学院育成的国审夏大豆良种“临豆 9 号”及获得临沂市科技进步奖二等奖的“高产优质综抗夏大豆新品种选育及配套栽培技术研究”项目核心技术为依托，继续研究完善大面积高产高效增产技术，在黄淮流域继续推广应用。

该项目解决的主要问题及创新点如下：①系统研究了“临豆 9 号”新品种的形态特征与生理特性，明确了高产栽培的生育规律和丰产生理指标，掌握了其高产丰产性能，并对其高产性、稳产性和适应性进行了分析。建立了高产高效栽培生产数学模型，采用五因素二次回归正交旋转组合试验设计，建立播期、密度、氮肥、磷肥、有机肥5个因素的产量函数模型，得出其优化栽培综合农艺措施。为“临豆9号”科学栽培、高产稳产和指导黄淮流域夏大豆生产提供了科学依据。②项目紧紧围绕优质、高产、高效等目标，通过对高产高效栽培体系研究，集成了以“微喷灌溉、科学平衡肥水、地下害虫生态防治”等为核心内容的高产、高效、简约栽培技术规程。该技术具有较强的可操作性，增产效果极其显著，对提高黄淮流域夏大豆产量和种植水平具有重要现实意义。③项目开展的科技示范、技术培训工作，提高了农民科学种植水平和农民收入，有力地促进了项目区科技兴农，产业结构调整和社会服务体系建设。推广示范的安全高效生产技术能有效降低药肥残留，省肥、省水、易轮作有利于生态环境的改善和优化。取得了极其显著的社会和生态效益，为建设社会主义新农村做出了积极贡献，具有广泛的应用前景。④推广机制创新。以济宁嘉祥诚丰种业、平邑天泰种子公司为依托，在省内外建立健全推广网络。形成原原种生产、经营、推广、咨询服务为一体的先进推广体系。育繁推相结合，选育、繁育、推广、生产、加工融一体形成产业化，为农业科技成果有效转化探索出一套新机制。

2014年12月31日，临沂市农业局受省农牧渔业丰收奖励委员会办公室委托，组织有关专家组成鉴定委员会，对该项目进行了鉴定，认为该项目品种推广应用面积大，经济效益、社会效益及生态效益显著，研究内容和技术开发有重大突破和创新，在同类项目研究和推广应用中处于国内领先水平。

知识产权：①临豆9号通过山东省和国家黄淮流域片区和长江流域片区审定，审定编号：鲁农审2008028号、国审豆2008006、国审豆2013015。②获得植物新品种权1项，临豆9号植物新品种权编号CNA20070547.4。③发表相关文章4篇。夏大豆临747的特征特性及其高产栽培技术（发表在《山东农业科学》2008年第9期）；高产大豆新品种临豆九号特征特性及配套栽培技术（发表在

《农业科技通讯》2009 年第 7 期)；黄淮流域夏大豆临豆 9 号不同栽培方式探讨（发表在《现代农村科技》2012 年第 14 期)；临沂大豆花叶病的发生与防治对策（发表在《农业科技通讯》2012 年第 7 期)。

推广应用：2012—2014 年在鲁、苏、皖地区累计示范推广种植 263.7 万亩，新增大豆总产 11 497.3万 kg，获总经济效益 3.8 亿元。

8. 花生新品种高产栽培技术集成研究与开发

完成单位：临沂市农业科学院　山东省兰陵县农业技术推广站

完成人：张李娜　谭忠　李辉　张明红　赵孝东　马艳军　卞建波

奖励等级：2015 年 9 月获得临沂市科技进步奖二等奖。

成果简介：①任务来源。“花生新品种高产栽培技术集成研究与开发”是临沂市农业科学院自选课题，起止时间为 2011 年 1 月至 2014 年 12 月。②性能指标。鉴定筛选出适宜鲁南花生区花生生产推广应用的高产、优质花生新品种 4 个；栽培因子试验：进行花生新品种密度、肥水、病虫草害防治、化学调控等一系列栽培因子试验，提出不同生育期的促控措施；研制出《花生新品种高产栽培技术规程》1 套。③成果的创造性、先进性。广泛引进近年来通过省级以上农作物品种审定委员会审定的花生新品种 16 个，在鲁南花生区花生栽培条件下进行丰产性、稳产性、适应性、抗逆性鉴定，筛选出山花 9 号、山花 11 号、山花 7 号、丰花 1 号等 4 个适宜鲁南地区花生生产推广应用的花生优良品种，其籽仁产量比原种植品种海花 1 号增产幅度 10.12%~14.14%。研究确定了花生新品种最佳种植密度适宜范围值为 9 000~10 000墩/亩，以种植密度 9 500墩/亩处理的个体与群体结构协调合理，为最佳种植密度。研究确立了花生施肥依存度从大到小依次为氮>钾>磷，分别为 29.7%、28.4%、25.1%；当施氮肥 80kg/hm^2、施磷肥 90kg/hm^2、施钾肥 120kg/hm^2 时，花生产量达到最高。研究明确了花生施用氰氨化钙肥，用量为 75kg/hm^2 时花生可获得最大经济产量和经济效益。研究证明施用硼肥能显著提高花生产量，花生在苗期、初花期和荚果期各喷施硼肥一次，增产效果最佳；研究证明施用钼肥能提高花生产量，钼肥拌种最佳用量为 1kg 花生种子用 1.5g 钼酸铵拌种。研究制定了半夏花生主要害虫蛴螬防治方案，用 30%辛硫磷微囊悬浮剂或者 30%毒死蜱微囊悬浮剂拌土施用，保果效果较好，增产幅度较大。研究制定了除草方案，用 7.5%氟草・喹禾灵苗后除草剂 1.5kg/hm^2 在阴天或者弱光时间段对水 600～675kg/hm^2 喷雾，能有效地防除禾本科杂草和阔叶杂草。研究筛选出花生病害防治药剂、使用时期及用量，每亩施用爱苗 20ml，每 10ml 对水 15kg，均匀叶面喷雾，7 月中旬和 8 月上旬连喷 2 次，可有效地防治花生叶部病害。不同地膜覆盖研究表明，在花生高产栽培中，可采用配色地膜或黑色地膜覆盖栽培，既增加产量又提高效益。化控技术研究表明，多效唑、壮饱安和缩节安三种植物调节剂都可以在花生上施用，三者都对花生有增产效果，荚果增产幅度差异不显著。研制出《花生新品种高产栽培技术规程》1 套。

本项目筛选鉴定出山花 9 号、山花 11 号、山花 7 号、丰花 1 号等 4 个适宜鲁南地区花生生产推广应用的花生优良品种，与研制出的《花生新品种高产栽培技术规程》一起进行良种良法配套推广，取得了显著的经济效益与社会效益。

推广应用：本项目研究成果适宜鲁南花生区花生生产应用。该项目研究成果在临沂市兰陵、沂水、临沭、沂南和莒南等多个县累计推广 219.1 万亩，今后在适宜种植范围内还会继续推广 123.8 万亩，进一步提高花生产量和品质，创造更多的经济和社会效益。

9. 鲁南地区半夏花生新品种及高产栽培关键技术研究

完成单位：临沂市农业科学院

完成人：谭忠　张李娜　孙伟　刘纪高　谭海珍　卞建波

赵孝东　张明红

奖励等级：2014 年 9 月获得临沂市科技进步奖二等奖。

成果简介：该成果依托山东省现代花生产业技术体系育种岗位专家项目，起止时间为 2010 年 1 月至 2013 年 12 月。

该成果解决的主要问题及创新点：①对鲁南花生区花生栽培方式的类型分类进行了补充完善，研究提出了半夏花生的概念，在理论上有所创新。②通过引进近年来省审的 18 个花生新品种，对其在鲁南花生产区半夏花生生产条件下丰产性、稳产性、适应性、抗逆性进行了全面的鉴定，确定了鲁南花生产区半夏花生生产应以山花 9 号为主推品种，丰花 3 号、山花 11 号、山花 7 号、丰花 1 号等为辅的新品种应用推广方案。通过试验、示范推广，使项目区花生良种覆盖率由 55%提高到了 90%。③首次对半夏花生生长发育规律进行了系统研究。通过对半夏花生生育进程和有效积温、主茎叶的发生与生育进程的关系、主茎生长动态、叶面积消长动态、开花动态和有效花期、果针形成规律与有效针期、荚果形成规律的研究，明确了半夏花生的生长临界期、有效果针入土的终止期。研究总结出半夏花生生育进程“三短、一快、一高”的生育特点。④通过大量田间试验，系统研究了半夏花生高产栽培关键技术，探索出“前促、中控、后保”的高产途径。确定了半夏花生最佳种植密度；确立了在亩产 400~500kg 范围内的最佳 N、P、K 施肥配方；研究制定了花生主要害虫蛴螬防治方案；研究筛选出花生病害防治药剂、使用时期及用量，为新品种的推广应用和高产栽培提供了技术依据。

形成的可推广应用的技术：研制出《鲁南地区半夏花生高产栽培技术规程》一套。

2014 年 3 月 1 日，临沂市科技局组织有关专家对“鲁南地区半夏花生新品种及高产栽培关键技术研究”进行了技术鉴定：该项目技术路线合理，资料齐全，数据可靠，鉴定筛选的新品种及高产栽培技术推广应用面积大，经济社会效益高，研究方法及结果有重大突破和创新，在同类研究中达国内领先水平。

知识产权： 在省级以上科技期刊上发表研究论文 4 篇。不同钙质肥料及钙肥不同用量对花生生长和产量的影响（发表在《山东农业科学》2013 年第 2 期)；加工专用花生新品种引进与鉴定；(发表在《现代农业科技》2013 年第 20 期)；不同药剂防治花生蛴螬药效研究（发表在《现代农业科技》2013 年第 16 期)；大蒜茬花生适宜种植密度研究（发表在《现代农业科技》2013 年第 20 期)。

推广应用： 研制组装出一套《鲁南地区半夏花生高产栽培技术规程》，并进行了高产示范验证，2013 年苍山县长城镇小马庄村 $1hm^2$ 高产示范田平均荚果产量达到 7 962kg/hm^2，大面积高产达到 6 499.65kg/hm^2。经大面积示范推广，该项目研究成果在临沂市平邑、沂南、临沭和苍山四个县以及济宁市部分地区进行了大面积推广应用，累计推广面积达 141.1 万亩，新增经济效益 44 652.9万元，取得了显著的经济效益与社会效益，证明本项目研究的鲁南地区半夏花生高产栽培技术是一项较为稳定、成熟的技术。

10. 优质高产花生新品种配套栽培技术规范化研究

完成单位： 临沂市农业科学院　沂南县农业局

完成人： 孙伟　唐洪杰　谭忠　张洪川　张李娜　魏萍　王云礼　姜启双

奖励等级： 2014 年 9 月获临沂市科技进步奖二等奖。

成果简介： 本成果依托课题组自选课题，实施年限为 2010 年 1 月至 2013 年 12 月。解决的主要问题：①新审定品种多，适合临沂种植的优质高产花生缺少评价鉴定。②针对花生新品种的配套高产栽培技术不规范。

该成果的创新点：①该项目通过新品种筛选试验，对山东省近年审定推广的新品种的适应性和稳定性进行筛选，初步筛选出适宜临沂市推广种植的 6 个花生新品种，并对其优质高产配套技术进行了研究。②配套栽培技术的规范化研究。深耕增产技术研究，适当深耕对花生有明显的增产作用，深耕后的花生植株比较健壮，根系下扎能力比较强，吸收养分充足，病害比较轻，主茎高、侧枝长、分枝数和结果数都明显优于浅耕的花生，深耕后的花生产量也较高。土壤深耕 50cm 比深耕 25cm 产量有明显增加，亩产量增加 38.9kg，增产率 11.8%。规范化播种技术研究，主要包括与机械播种有关的播期、密度、施肥方法等。春播花生垄距以 85~90cm 为宜；夏直播花生垄距以 80cm 为宜；春花生适宜播期为 4 月 25 日至 5 月 5 日。花生机械播种覆膜田块畦面宽度标准均匀、畦面平整高度一致更符合标准化栽培农艺指标。机械播种行穴距均匀，基本可按设计值进行，且变幅小，群体均匀整齐，光能利用率高。花生精播肥料与密度的产量效应及优化配置研究，肥料和密度对花生产量作用显著，且二者呈负向交互效应，即在一定范围内，施肥与密度对产量的效应有互补作用。大花生产量潜力高、对肥料需求量大，单位肥料增产率高，因此生产中要特别注意发挥肥料的增产作用。与大花生相比，小花生对密度更敏感，要获得较为理想的产量，应充分发挥密度的增产作用。大花生花育 22 号产量在 5 000kg/hm^{2}以上的措施组合为氮肥 109.0 ~ 156.2kg/hm^2，密度 17.5 万 ~ 25.7 万株/hm^2；小花生鲁花 12 号产量在 4 000kg/hm^2 以上的措施组合为氮肥 86.6~147.2kg/hm^2，密度 18.5 万~25.8 万株/hm^2。花生高产精准施肥及无害化防控配套技术研究，采取配方施肥的地块，减少投入 30%~40%，提高产量 10%以上。肥力高的土壤今后应重点增施微量元素肥料，速效磷含量高的土壤，提高其利用率，是今后施肥的重要措施。花生防徒长改用壮饱安可防后期早衰，烂果，且增产效果好。绿鹰盖种无公害防治蛴螬，效果好。除草地膜除草效果好，花生产量高，除草剂残留量低。

临沂市科技局于 2012 年 12 月组织专家鉴定，认为该项研究在花生新品种配套栽培技术规范化研究方面有创新，整体达到同类研究项目的国内先进水平。

推广应用：“优质高产花生新品种配套栽培技术”在高产示范与生产应用实践表明，新品种具有极大的丰产潜力，良种良法配套栽培，更能显示出新品种的资源增产优势。根据2010—2012年的高产示范和生产应用结果统计表明，平均亩产荚果438.2kg，比当地前3年平均亩产318kg，增产120.2kg，3年累计示范150万亩，在经济效益计算年限内每年可为社会创造2 254万元的纯收益。该技术在2013—2015年累计推广350万亩，产生的经济效益为19 594万元。

11. 苹果褐斑病发生规律及综合防控技术研究

完成单位：临沂市农业科学院、临沂市银杏协会办公室

完成人：冷鹏　刘延刚　张彦玲　郭青　马宗国　崔爱华　宿刚爱　杨加鑫

奖励等级：2013年9月获临沂市科技进步奖二等奖。

成果简介：该成果根据苹果生产需求自选课题完成，实施时间为2010年1月至2012年12月。

该成果主要针对褐斑病（Marssonina mali）在我国苹果产区均有不同程度的发生，是引起早期落叶的最突出病害。特别是近年来，随着套袋技术的发展，一些果农放松了对叶部病害的防治，使褐斑病危害呈逐年加重的趋势。为了有效地控制苹果褐斑病的发生，保障临沂市果业生产的安全发展，对苹果褐斑病发生规律及综合防控技术进行了研究和示范推广。

该成果的创新点：①探明了苹果褐斑病在临沂市的发生特点与规律，明确了鲁南地区该病近年严重发生的原因，为制定预测预报办法提供了依据。②开展了苹果褐斑病抗性资源材料的筛选试验，筛选出了抗病品种秦冠、甜黄魁、印度、平邑甜茶、西府海棠等，可作砧木或杂交亲本使用，为抗病育种或栽培提供了方向。③筛选出了43%戊唑醇SC和40%氟硅唑EC杀菌剂，具备高效低毒的优点，推动了本地区苹果褐斑病防治技术的升级进步。④课题制定了

苹果褐斑病综合防治技术规程，为科学防治苹果褐斑病提供了科学理论依据。

临沂市科技局于2012年12月组织专家鉴定，认为该项研究在苹果褐斑病抗性资源筛选、杀菌剂药效试验方面有创新，在同类研究中达到国内领先水平。

知识产权：戊唑醇悬浮剂防治苹果褐斑病试验（发表在《烟台果树》2009年第1期）；喜瑞等8种不同杀菌剂防治苹果褐斑病药效试验（发表在《烟台果树》2009年第2期）；真彩防治苹果褐斑病的药效试验（发表在《烟台果树》2009年第3期）；43%戊唑醇SC防治苹果褐斑病的效果（发表在《农技服务》2009年第2期）；43%戊唑醇悬浮剂防治苹果褐斑病的药效试验（发表在《落叶果树》2009年第3期）；临沂市苹果褐斑病流行原因分析及防治对策（发表在《烟台果树》2011年第3期）。

推广应用：在临沂市苹果主产区建立了试验与防控示范基地，通过生产示范、组织考察、现场观摩、广播电视及报刊杂志宣传等措施进行技术宣传与普及。2010—2012年累计推广115万亩，对苹果褐斑病的防效达91.5%，每亩新增单产212.9kg，新增总产13 823kg，新增纯收益72 543.99万元，经济效益和社会效益显著。减少了化学农药的使用剂量和次数，减轻了环境污染，降低了果品中的农药残留，提升了果品质量，生态效益显著。

12. 粮菜兼用型甘薯新品种规模化培育及高效生态技术示范

完成单位：临沂市农业科学院

完成人：陈香艳　徐玉恒　魏萍　张素梅　林兴富　刘子录　李守行　高秀英　王宝国　梁月萍　季善秀　王振　石强　魏建华　李恩福　丁秀蕾　刘正东　宋西芳　陈芳　谢国华

奖励等级：2012年10月获山东省农牧渔业丰收奖奖励委员会二等奖（其中粮菜兼用型甘薯新品种引进选育及配套栽培技术研

究项目2010年9月获临沂市人民政府奖二等奖)。

成果简介：该成果是临沂农业科学院2010年甘薯课题组同各示范区组织实施的自选项目，属于农业新品种、新技术的应用推广领域。实施时间2年。项目要求以2010年获得临沂市科技进步奖二等奖的“粮菜兼用型甘薯新品种引进选育及配套栽培技术研究”的核心技术为依托，在沂蒙山区及周边地区继续进行示范推广，并制定适宜鲁南应用的高效生态栽培技术。本课题首次针对山东省甘薯生产的实际，围绕优质、高产、高效、生态等目标，引进筛选了12个粮菜两用型甘薯新品种，规模化培育并示范推广了商薯19和莆薯53两个综合性状良好、品质优良、高产抗病的新品种，为临沂市乃至山东全省甘薯实现优质高效从品种上奠定了坚实的基础。运用系统工程原理，对商薯19和莆薯53在生理特性、稳产性测定、配方施肥、综合农艺措施的优化及群体调控等方面进行了系统研究，明确了高产栽培的生育规律和丰产生理指标，掌握了其高产丰产性能，通过对高效规范栽培体系研究，率先提出了以“合理增加密度，推广机械化耕作、无公害栽培技术、平衡施肥技术、病虫草害专业化‘一浸二诱’生态防控技术”等为核心内容的生态高效栽培技术规程，具有较强的可操作性，通过诱杀害虫成虫，大幅减少了幼虫发生量，改变了长期以来单纯用化学药剂防治的弊端，减少了施药对环境的污染，为生产安全、优质的薯菜提供了保障。经百亩示范田应用，平均亩产鲜薯3 650.5kg、茎尖菜叶1 172.8kg，分别比常规品种增产24.8%和40.3%，增产效果极其显著，实现了叶菜高产与薯块高产的协调提高，对山东省甘薯获得粮菜生产双丰收具有重要现实意义。

该成果的创新点：①引进筛选了12个粮菜兼用型甘薯新品种，规模化培育并示范推广了商薯19和莆薯53两个综合性状良好、品质优良、高产抗病的新品种。②系统研究了商薯19和莆薯53甘薯新品种的形态特征与生理特性，明确了高产栽培的生育规律和丰产生理指标，掌握了其高产丰产性能，克服了高产与优质相矛盾的育种技术难题。③提出了以“种薯处理与健苗培育、科学选地与精耕细作、均衡配套施肥与深沟大垄、提高栽插质量与合理密植、全程抓好前、中、后三期管理与专业化一浸二诱控制病虫害”等为核心内容的生态高效栽培技术规程，实现了叶菜高产与薯块高产的协调提高。④项目实施措施得力，推广应用面积300.0万亩以上，万亩以上示范片亩产鲜薯3 500kg、茎尖1 100kg，增产幅度达20%以上，比示范前三年亩增产鲜薯500kg，新增总产20亿kg、经济效益9亿元。

2011年12月30日，临沂市农业委员会受山东省农业厅的委托，组织有关专家对该项目进行了鉴定。认为该项目选题准确，针对性强，增产效果极为显著，在同类项目推广中处于国内领先水平。

知识产权： 沂蒙山区丘陵旱薄地甘薯增产规范栽培技术（发表在《作物杂志》2008年第5期）；甘薯安全贮藏及高效生态栽培管理技术（发表在《中国种业》2012年第5期）；临沂甘薯茎线虫病的发生与防治（发表在《山东农业科学》2010年第10期）；粮菜兼用型甘薯新品系临062形态生理特性及高产栽培技术（发表在《农业科技通讯》2010年第5期）。

推广应用： 通过建立示范基地、开展技术培训等措施，在临沂市蒙阴、费县、沂南、沂水、河东等县区三年累计推广310万亩，万亩以上示范片亩产鲜薯3 519.6kg、茎尖1 159.4kg，增产幅度达23.88%以上，比示范前三年亩增产鲜薯650kg，新增总产21亿kg、经济效益9.8亿元，带动了产业发展和社会就业，取得了极其显著的经济效益、社会效益和生态效益。

13. 新型肥料在花生生产上的应用技术研究与开发

完成单位： 临沂市种子管理站　临沂市农业科学院

完成人： 孙伟　彭美祥　娄华敏　张李娜　孙树津　谭忠　周俊强

奖励等级：2012 年 9 月获临沂市科技进步奖二等奖。

成果简介：该成果来源于 2009 年临沂市科技发展计划项目。实施时间为 2009 年 4 月至 2011 年 10 月。该项目成果如下：①新型花生专用肥料品种筛选试验，连续 3 年在不同试验点分别选择高中低产田进行了新型花生专用肥料品种筛选试验。②研究各肥料品种施肥方式（包括施肥量、施用时间等）。随着施肥量的增加，花生产量也随之增加，但是考虑到经济效益，认为普通无机复合肥在施用量为 50kg/亩时是最佳用量，有机无机复合肥在施用量为 45kg/亩时是最佳用量，缓控释复合肥在施用量为 50kg/亩时是最佳用量。③研究不同肥料品种配合施用的合理配比。试验安排在临沂市农科院试验基地进行，试验地地势平坦，前茬一致（小麦—大豆），肥力中等，地力均匀，排灌条件良好。本试验采用“三因素二次回归通用旋转组合设计”方法，进行花生氮、磷、钾配比施肥试验，通过建立以产量为目标函数的数学模型和模拟仿真，筛选出花生各高产区段的需肥量和优化方案，为花生高产栽培施肥提供依据。④研究各肥料品种对花生生长发育的影响作用。增施化学肥料是旱地花生增产的有效措施，可以起到以无机促有机的作用，增施肥料可使土壤中养分富集，促进花生根系生长，充分利用土壤深层储水，提高对干旱的耐受力，达到以肥调水、以肥促水的目的，促进旱地花生生长发育。花生上使用控释肥生育期前期稳长，后期防早衰，花生产量状况得到改善，产量增加显著，肥料使用效果优于普通肥料，在花生生产上可大面积推广使用。⑤研制花生高产施肥技术规程。结合前面所做的工作，制定了适合本地区的新型花生专用肥高产施肥技术规程。新型花生专用肥高产施肥技术是指采用缓控释肥、有机无机复合肥、生物有机肥等新型花生专用肥料，延缓肥效期，增强中后期肥效，可以控制前期旺长，防止后期脱肥早衰，提高肥料利用率，降低肥料对环境的污染。

该成果的创新点：①系统全面地对在花生上使用有机无机复合肥、缓控释肥、生物菌肥等新型肥料进行研究，筛选出了适宜临沂地区推广的有机无机复合肥、缓控释肥、生物菌肥等新型肥料品种各1个。②研究明确了各肥料品种的适宜用量、施用时间及不同肥料品种配合施用的合理比例。摸清了各肥料品种对花生生长发育的影响。③对花生高产栽培中的各种肥料因子进行优化设计，制定出了适宜临沂地区的花生高产施肥技术规程。④应用制定出的花生高产施肥技术规程，在示范县进行了高产示范，最终实现了百亩高产片亩产500kg，千亩高产片亩产450kg的目标。

临沂市科技局于2011年12月组织专家鉴定，认为该项目工作扎实有力，技术路线合理，资料齐全、数据翔实、在新型花生专用肥料系统研究及应用技术推广、肥料使用对花生生长发育影响等方面，达到了国内同类项目的领先水平。

知识产权：发表论文1篇：花生施用长效缓释肥对经济产量的影响与示范效果（发表在《中国农业杂志》2011年第2期）。

推广应用：在项目实施期间，通过示范推广制定出的花生高产施肥技术规程，共累计开发面积170余万亩，不仅减少了用肥量，使土地形成良好的土壤团粒结构、改善土壤物理性状、增强了土壤的保水保肥供肥能力、肥料不易流失、缓释能力大大提高，而且还提高了花生产量，农民实现了增收，共实现经济效益5亿元。

14. 沂蒙山区花生白绢病无害化防控技术及高产创建示范

完成单位：临沂市农业科学院

完成人：徐玉恒　陈香艳　刘林　魏萍　卞建波　谭子辉　姚夕敏　唐洪杰

奖励等级：该成果2011年9月获得山东省农牧渔业丰收奖二等奖。

成果简介：该成果依托2004年临沂市科技局下达的科技攻关计划项目“花生白绢病综合防治技术研究”及临沂市农业科学院自选项目。实施期限为3年，自2008年5月至2010年12月。

该成果属于重大病虫害防控及农业高新技术应用领域，经过示范推广，本技术成果解决了花生生产上白绢病发生早、死棵严重、产量低的问题。经过项目组多年研发，形成的创新成果如下：①摸清了花生白绢病在鲁南生态条件下的发生规律、致病因素及病原生物学特性，为探索防治技术提供了科学依据。②通过对有效药剂的筛选和复配研究，筛选出了防治花生白绢病的有效药剂 6 种，复配出高效廉价复配剂 2 种。③通过对防治技术的研究，提出了以“健身栽培”为基础的生态控制和科学合理的分阶段“一拌三喷”药剂防治的综合防治技术规程，经百亩示范田应用发病率控制在 8.03%，病情指数压低到 4.16，综合防治效果达 92.67%以上，亩增产 40%以上。

形成的可推广应用技术：制定了以“健身栽培”为基础的生态控制和分阶段科学合理的辅以药剂防治的综合防治体系，即“四净”预防措施；选育抗病品种和种子药剂处理；建立良好排灌系统设施、加强病田流水管理、切断传播途径；深耕改良土壤、增施有机肥、生物菌肥、合理使用化肥、增强花生拮抗作用；分阶段科学合理的辅以药剂防治即一拌三喷措施。运用上述技术措施，综合防治田发病率下降到 8.7%，病情指数压低到 4.3，防治效果达 90.6%，增产 33.6%以上。综合防治技术实现高效化、多样化，药剂使用实现合理化、无害化，为花生生产提供了技术路线和实践经验。

知识产权：发表论文 2 篇：花生白绢病药剂防治研究（发表在《现代农业科技》2006 年第 2 期）；花生白绢病发生因素与规律（发表在《现代农业科技》2007 年第 6 期）。

推广应用：在示范区加强宣传、培训和指导，抓好样板田建设，认真搞好防病技术环节的管理，把病情控制在经济阈值之下，促进了花生正常健壮生长。经在沂蒙山区及鲁南周边各县乡应用，二年累计推广 510.6 万亩，发病率控制在 12.6%，病情指数压低到 5 以下，防治效果达到 92.6%，比对照田亩增产荚果 134.3kg、总增产 63 513.7万 kg，新增经济效益 112 820.9万元。项目的实施有力的促进了花生生产的发展，取得了良好的经济社会效益，为建设社会主义新农村做出了积极贡献，具有广泛的应用前景。

15. 高产优质综抗大豆新品种选育及配套栽培技术研究

完成单位：临沂市农业科学院

完成人：刘玉芹 樊宏伟 宿刚爱 田英欣 吴荣华 凌再平 刘凌霄

奖励等级：2009 年 9 月获得临沂市科技进步奖二等奖。

成果简介：该成果依托临沂市科技局 2007 年下达的临沂市科技计划项目，项目编号：0716026，项目实施年限三年。

该成果解决的主要问题及创新点如下：①育成高产综抗大豆新品种“临豆 9 号”并成功通过山东省和国家审定。根据黄淮地区的生态特点、生产状况和耕作制度，以河南省农业科学院选育的长叶 18（豫豆 8 号）为母本，以临沂市农业科学院选育的临 135 为父本，进行有性杂交、系谱法选育而成夏大豆新品种“临豆 9 号”。2008 年 3 月，通过山东省品种审定委会审定，2008 年 5 月，通过中国农作物品种审定委员会审定。②育成品种充分协调了库源流的关系。临沂市生态区以夏大豆为主，播种期集中在 6 月上中旬，下旬即进入雨季，大豆开花时（7 月底、8 月初）正处于梅雨季节，这时光照不好，空气湿度大，植株营养欠佳，即“源”少了。所选品种如果这时开花后马上拉荚，容易造成营养分配不均衡，造成落花落荚，最终造成“库”少。进入 9 月中旬，天气晴朗，很可能会有秋旱，植株生长健壮，养分充足，可是由于“库”少，也无法形成更高的产量。相反，如果植株在开花后只是保持一个小荚，好像休眠一样不再急于“长大”，就会节省更多的养分开更多的花，结更多的荚，拥有更多的“库”，等雨季过去后，光照充足植株养分充足时再“长大”，同时，养分流动转化顺畅，就会取得更好的产量。因此，根据这些生态条件，有意识的选择花期长，结荚多，鼓粒集中、快捷的品种。③育成品系充分协调了高产与稳产的关系。育成新品种“临豆 9 号”2005—2006 年参加山东省大豆新品种区域试验，两年平均亩产 196.78kg，比对照鲁豆 11 号增产 11.28%，2006 年山东省大豆生产试验平均亩产 174.1kg，比对照鲁豆 11 号增产 6.29%。2006 年黄淮海南片区试中平均亩产 164.94kg，较对照品种徐豆 9 号增产 7.98%，增产极显著，居参试品种（系）第 3 位；2007 年续试，平均亩产 166.91kg，比对照品种徐豆 9 号增产 6.72%，增产极显著，居参试品种（系）第 2 位。两年平均亩产 165.93kg，平均较对照品种增产 7.35%，在参试两年的品种（系）中居第 2 位。在 2007 年生产试验中，6 个试验点全部增产，平均增产 10.16%，居生产试验第 2 位。属高产品系，该品系年度间产量较稳定，适应范围较广。④高产高效栽培技术研究有重大进展。对选育出的大豆新品种进行配套高产高效栽培技术研究，根据“临豆 9 号”的形态特征和生态特性以及本地的气候条件，我们研究总结出了在自然生态和改良生态条件下两种高产栽培技术，运用正交二次旋转设计方法和现代生物统计方法对夏播大豆的播种期、栽培密度、施肥水平进行了深入研究，明确了夏播大豆要适期早播、合理密植、增施有机肥、增施磷钾肥和钙肥，纠正了过去播种偏晚、稀植和不施肥料的落后技术，在高产高效栽培技术的研究方面有了实质性的进展。

2009 年 1 月临沂市科技局组织有关专家对该课题项目进行了鉴定，一致认为：该项目在同类研究中，达国内领先水平。

知识产权：育成夏大豆新品种“临豆 9 号”通过山东省和国家黄淮流域片区审定。审定编号：鲁农审 2008028 号、国审豆 2008006 号。

推广应用：该成果在黄淮海地区（鲁、苏、皖、豫）累计推广应用 86.56 万亩，平均亩增 40.2kg，增加大豆 3 479.7万 kg，新增经济效益 12 095.49万元，经济效益和社会效益显著。

四、蔬菜栽培

1. 鲁南地区设施蔬菜无公害生产关键技术研究与示范

完成单位：临沂市农业科学院　沂南县植物保护站

完成人：魏萍　李辉　方瑞元　张永涛　郑辉　戚淑芬　刘延刚

奖励等级：2018 年 9 月获得临沂市科技进步奖二等奖。

成果简介：该项目为山东省科技发展计划项目《鲁南地区设施蔬菜无公害生产关键技术研究与示范》，项目编号：2013GNC11008。实施时间自 2013 年 1 月至 2015 年 12 月。

该项目在调查了鲁南地区保护地蔬菜用药水平和冬暖型大棚田间生产情况的基础上，探明鲁南地区设施蔬菜上主要病害种类及其消长规律；开展了设施蔬菜上主要致病菌的分子检测技术的研究，为病害的防控做到有的放矢；开展了设施蔬菜主要病害的高效生防菌的筛选及应用研究，筛选出适合鲁南地区设施蔬菜应用的高效生防菌株；筛选出适合设施蔬菜无公害生产应用的高效低毒低残留化学药剂；构建出适合鲁南地区应用的设施蔬菜无公害生产技术规程，为设施蔬菜的无公害生产提供技术支持，并通过技术培训与技术指导，提高了示范区群众生产无公害蔬菜的意识和水平，推动鲁南地区无公害蔬菜生产的产业化进程。

该成果的创新点：①该项目通过对鲁南地区设施蔬菜全面调查的基础上，明确了鲁南地区设施蔬菜上主要病害种类，设施番茄的主要病害为晚疫病、根腐病，设施茄子的主要病害为绵疫病、灰霉病，设施黄瓜的主要病害为灰霉病、靶斑病。②筛选出适合鲁南地区设施蔬菜应用的枯草芽孢杆菌 BS04、解淀粉芽孢杆菌 SDF-002、金色链霉菌 L046 等 3 株高效生防菌株，分别用于灰霉病、绵疫病的防治。③通过大量的室内外研究，筛选出 25% 啶菌恶唑乳油、

50%啶酰菌胺水分散粒剂、20%氟吗啉可湿性粉剂、10%氰霜唑悬浮剂等4种高效低毒低残留化学药剂。④将多重PCR技术应用于设施蔬菜病害的预测和早期诊断；建立了以农业防治为基础，生物防治和生态调控为核心，高效低毒低残留药剂防治为辅助的设施蔬菜无公害生产技术体系，为设施蔬菜的无公害生产提供了理论依据；在临沂市及周边地区推广，取得了显著的经济及社会效益。

临沂市科技局2018年1月组织专家鉴定，经专家鉴定，认为本成果与国内同类技术比较，在同类研究中达到国内先进水平。

知识产权：6种杀菌剂对茄子绵疫病菌的室内毒力测定（发表在《湖北农业科学》2015年第5期）；5种杀菌剂对黄瓜灰霉病菌的室内毒力测定（发表在《山东农业科学》2014年第10期）；鲁南地区设施番茄晚疫病的发生与综合防治（发表在《农业科技通讯》2014年第9期）。

推广应用：我们从2015年起开始对鲁南地区设施蔬菜主要病虫害发生危害情况及无公害生产关键技术进行研究，并进行了防治技术的示范推广，有效地控制了病虫害的危害。该技术主要用于设施蔬菜安全生产，山东省各地及周边省市设施蔬菜产区均可应用。2015—2017年以临沂为核心示范区进行了大面积示范推广应用，平均每亩新增单产约1 779kg，取得了显著的经济效益和社会效益。

2. 安全优质蔬菜品质管控模式及关键技术集成研究

完成单位：临沂市农业科学院　临沂市东开蔬菜有限公司　临沂同德农业科技开发有限公司

完成人：周绪元　冷鹏　张永涛　张林夕　李士超　周广财　付成高　曹荣利

奖励等级：2017年12月获中国商业联合会全国商业科技进步奖二等奖，2017年8月获临沂市科技进步奖二等奖。

成果简介：该成果根据相关企业需求自选课题完成，实施时间为2014年1月至2016年12月。

该成果主要针对当前蔬菜产品质量认证很多，但许多认证产品外观质量、营养品质、风味品质较差，消费者不认可的实际，采用实验室研究与田间试验相结合；关键技术研究与技术集成相结合；生产环节技术研究与营销模式管理创新相结合；试验研究与示范应用相结合的方法，以日光温室茄果类、瓜类蔬菜和大棚韭菜等为主要研究对象，引进国内外的新品种进行试验示范，筛选具有非转基因、具有较强的抗病虫性能、风味品质好、外形美观的适合安全优质栽培的新品种；开展了蔬菜品质标准研究；对 EM 有机肥生产工艺及其在蔬菜安全优质栽培上的应用效果进行了研究，筛选出了蔬菜有机基质配方；通过对植物源农药、微生物农药防治效果研究，筛选出了适合在有机、绿色蔬菜上使用的生物农药，明确了熊蜂授粉、授粉器授粉在安全优质蔬菜生产上的应用效果，组装了病虫害生态控制技术，建立了安全优质蔬菜的绿色防控技术体系；研究提出了以开展质量安全认证、政府或第三方认证背书为基础，建立质量追溯体系、透明溯源为核心，实行品牌营销、企业品牌保障为根本，面向中高端、会员制营销为手段的安全优质蔬菜品质信任体系，提出安全优质蔬菜的安全品质+风味品质+外观品质的“有机（绿色）+”品质概念，建立了以“三大技术支撑+四重信誉保障”为核心的安全优质蔬菜品质“三四”管控模式。将研究成果与国内外先进的蔬菜集约化育苗技术、肥水一体化技术、采后保鲜技术、物联网技术等进行集成，总结完善了安全优质蔬菜品质管控技术规程。

该成果的创新点：一是在安全优质蔬菜品质管控模式上有创新。首次提出安全优质蔬菜“有机（绿色）+”品质概念，即安全品质+风味品质+外观品质的“有机（绿色）+”品质；研发出以三大技术支撑（土壤培肥改良、病虫生态控制、良种良法配套）和四重信誉保障（认证背书、透明溯源、品牌保障、基地直销）为核心的有机蔬菜品质“三四”管控模式，有效确保了有机蔬菜的质量和信誉。二是在蔬菜专用生物有机肥的研发方面有创新。研发了以杏鲍菇菌渣为主要原料的有机基质配方（杏鲍菇菌渣：兔粪：土壤=2：1：1+骨粉100kg/亩+蓖麻粕150kg/亩）及番茄、黄瓜专用生物有机肥。三是在安全优质蔬菜品质管控技术集成上有创新。建立了产地环境管控、种子质量管控、播种期管控、土壤改良与肥水管控、病虫害生态管控、采收与贮运管控、品质信誉管控的安全优质蔬菜技术规范，符合当前产销实际，可操作性强。

临沂市科技局于2016年12月组织专家鉴定，认为该项研究在安全优质蔬菜品质管控模式、生物有机肥研发方面有创新，整体达到同类研究项目的国内领先水平。

知识产权：不同蓖麻饼使用量对菌渣基质栽培有机番茄生长与产量的影响（发表在《江西农业学报》2015年第4期）；有机蔬菜品质管控模式研究（发表在《农业科技通讯》2016年第12期）；一种番茄专用有机肥及其制备方法（专利号：201611039925.2）；一种黄瓜专用有机肥及其制备方法（专利号：201611039922.9）；制定日光温室黄瓜、番茄有机生产技术规程等临沂市地方标准3个（DB3713/T 097—2016、DB3713/T 098—2016和DB3713/T 099—2016）。

推广应用：通过建立示范基地、开展技术培训等措施，建立有机蔬菜项目核心示范区320亩；该项技术2017年被临沂市农业局列为临沂市农业主推项目，在临沂市兰陵、费县、沂南、河东等县区累计推广安全优质蔬菜12.6万余亩，并在山东省潍坊、淄博、德州等市推广，获得了显著的经济效益、生态效益和社会效益。

3. 设施蔬菜逆境障碍调控与低碳高值栽培关键技术集成创新研究与示范

完成单位：临沂市农业科学院

完成人：张永涛　李辉　焦圣群　曹德强　颜莹洁　刘林　孙宗照　范永强

奖励等级：2017年12月获得中国商业联合会科技进步奖二等

奖，2016 年 9 月获得临沂市科技进步奖一等奖。

成果简介：该成果依托临沂市重大科技创新项目（项目编号：201211011）。实施年限：2012 年 7 月至 2015 年 12 月。

解决的主要问题：临沂市蔬菜产业经过 30 多年的持续发展，以日光温室为代表的设施蔬菜面积不断扩大，在临沂市农业和农村经济发展中的地位和作用越来越突出。设施蔬菜生产是一种在逆境形式下人为影响很强的土地利用形式，在生产过程中存在高投入、高产出的特点，普遍存在连茬种植，过量使用农药、化肥等现象。蔬菜设施栽培中的光照、温度、湿度、CO_2、土壤理化性状等因素异于露地生产，这仍然是设施蔬菜生产中面临的主要技术难题。随着设施蔬菜种植年限增加，生产中连作障碍问题越来越突出，连作障碍成为设施蔬菜发展又一瓶颈，逆境调优、克服逆境障碍是设施蔬菜健康和可持续发展的关键。为克服设施蔬菜逆境障碍问题，课题组按照“理论探索与技术创新相结合，突破单项关键技术与建立集成技术体系并示范推广”的总体思路，针对设施蔬菜生产过程中的低温、弱光、高湿、CO_2 匮缺、土壤连作障碍等问题，开展了专用蔬菜品种筛选、抗病嫁接、环境优化、土壤改良和抗性诱导技术研究，提高了蔬菜自身抗逆能力，减少了农药、化肥用量，实现了低碳高值栽培的目标，对设施蔬菜高质量发展具有重要意义。

该成果的创新点：该项目筛选出设施蔬菜专用品种 6 个、抗性砧木品种 5 个，并配套了高效嫁接方法；开展了日光温室辅助加温、除湿保温、CO_2 增施、空气净化等技术与装备研究；研发出 EM 沼液抗性诱导剂和 EM 功能基质各 1 种；建立了“一强双减三优化”（强根壮秧，减药减肥，优化设施结构、地上和土壤环境）栽培模式，为减轻设施蔬菜的逆境障碍提供了技术支撑。项目实施期间，获得授权国家发明专利 2 项，实用新型专利 1 项，发表学术论文 6 篇，出版著作 2 本。

成果水平：本项目研究路线是综合考虑中国的土地政策、产业化水平、组织化程度、农民的科技素养、对技术的接受程度和投入的承载能力等因素设计的，本项研究成果既具先进性又具实用性，与国外高耗能、高成本的技术比较，本项成果更适合中国设施蔬菜生产的需求。该项目在温室环境优化及抗逆栽培技术等方面有创新，达到同类研究国内领先水平。

推广应用：本项目采取“产学研”协同攻关模式，主要从技术研发、示范推广、成果转化3个方面开展工作，分别由专门队伍分工负责，研发成果交给示范园及专业合作社开发推广。3年来在兰陵县、费县、沂南县建立了3个150亩示范基地，示范了“四位一体多因素同步调控逆境障碍技术体系”、“一强双减三优化”（强根壮秧，减药减肥，优化设施结构、地上和土壤环境）健康栽培模式，有效缓解了设施蔬菜逆境障碍对生产的影响，提高了蔬菜自身抗逆能力，减少了农药、化肥用量，实现了低碳健康栽培的目标。设施蔬菜增产25%以上，降低肥料投资成本50%以上，降低农药投入成本35%以上。3年累计推广面积3.6万亩，增产节本综合经济效益50 830.95万元，通过建立示范基地、开展技术培训等措施，在兰陵、费县、沂南、兰山、河东等县区得到推广应用，取得了显著的经济、社会和生态效益。

4. 鲁南地区韭菜根蛆发生规律及安全防控技术研究

完成单位：临沂市农业科学院

完成人：张永涛　刘延刚　曹德强　焦圣群　颜莹洁　牛建群　王鹏

奖励等级：2015年9月获得临沂市科技进步奖二等奖，2018年获得山东省农业技术推广成果奖三等奖。

成果简介：该成果依托公益性行业（农业）科研专项经费课题（项目编号：201303027-02）。实施年限：2012年1月至2014年12月。

该成果解决的主要问题及创新点：鲁南地区韭菜在蔬菜生产和供应中占有很重要的位置，随着韭菜大面积连年种植，韭蛆对韭菜的危害逐渐加重。由于其潜土危害，生产中防治难度很大，韭蛆危害已成为鲁南地区韭菜安全生产的主要限制因子。目前，菜农主要采用化学农药灌根防治越冬代幼虫，常用的农药毒性普遍偏高，用药量大，且多年连续使用单一药剂，致使韭蛆抗性上升，防效降低，加之韭菜收割周期短，致使韭菜产品中农药残留等有毒有害成分严重超标，食用韭菜中毒现象时有发生，对消费者的身体健康和生命安全造成威胁，同时严重污染了农业生态环境，成为限制韭菜产业发展的主要因素。进一步探明鲁南地区韭菜不同栽培模式下韭蛆的发生及危害规律，研究无害化综合防控技术，促进韭菜安全生产，临沂市农业科学院蔬菜创新团队开展了“鲁南地区韭菜根蛆发生规律及安全防控技术研究”。本项研究在采用氰氨化钙、臭氧水、EM 菌剂（EM 有机肥）防控韭蛆方面有重要创新，形成了以生物、物理、农业防治和生态调控为核心的韭蛆安全防控技术体系。

形成的可推广应用的技术：本研究明确了鲁南地区不同栽培模式下韭蛆种群的发生与灾变规律，筛选出抗韭蛆的韭菜新品种，研究了防虫网阻隔、色板诱杀成虫技术，研究了生态调控（一肥：氰氨化钙，一水：臭氧水，一菌：EM 菌）技术效果，集成以生物、物理、农业防治和生态调控为核心的韭菜根蛆安全防控技术体系，制定了韭菜安全生产技术规范。

成果水平：在同类研究中达到国内领先水平。

推广应用：为了有效控制韭蛆的危害，保障韭菜安全生产，我们从 2010 年起开始对鲁南地区不同栽培模式下韭蛆种群的发生与灾变规律及安全防控技术进行了调查、试验研究，并从 2012 年开始在鲁南地区进行了生态防控技术集成示范推广，建立 5 个百亩韭菜根蛆安全防控技术示范基地，对韭蛆的防治效果达到 90%以上，有效地控制了韭蛆的危害。在项目示范过程中，完善了韭菜安全生产技术规范；在各级领导的大力支持及相关部门的密切配合下，通过生产示范、组织考察、现场观摩、广播电视及报刊宣传等推广措施，2012—2014 年在鲁南及周边地区累计推广 32 万亩，每亩新增产量 825.01kg，韭菜的安全生产有了技术保障，经济效益、生态效益和社会效益显著。

5. 设施黄瓜主要病虫害健康管理模式构建与示范

完成单位：临沂市农业科学院　沂南县植物保护站

完成人：魏萍　张永涛　王艳莹　翟今成　王恒玺　郑辉　赵秀山

奖励等级：2015 年 9 月获临沂市科技进步奖二等奖。

成果简介：该成果依托临沂市农业科学院自选课题，实施时间为 2012 年 1 月至 2014 年 12 月。

本项目在全面的调查临沂地区设施黄瓜上的主要病虫害，并明确其消长规律基础上，以黄瓜灰霉病、靶斑病和温室白粉虱及蚜虫作为有害生物的主要防控对象，针对生产实际，依据植物病理学和农业昆虫学的常规研究方法进行，采取理论与应用、普查与定点系统调查相结合、室内与田间工作同步进行而又互为依据的原则，在有代表性县区进行多点次、多重复的小区试验、区域试验、大田示范，深入开展高效防控技术研究，获得最佳高效技术因子组合，为大面积推广提供科学依据和制定一套完善的健康管理模式体系。该项目明确了临沂地区设施黄瓜病害主要为黄瓜灰霉病、黄瓜靶斑病、黄瓜霜霉病、黄瓜疫病、黄瓜炭疽病等，虫害主要为蚜虫、螨类和温室白粉虱及斑潜蝇。明确了临沂地区的杀虫真菌的优势种群为球孢白僵菌，且筛选出了适合临沂地区设施黄瓜上应用的高毒力球孢白僵菌菌株（YN9108008）。开展了以球孢白僵菌（YN9108008）为基础的生物防治研究，开展了球孢白僵菌对不同龄期蚜虫毒力的研究及球孢白僵菌与化学农药的生物相容性研究，明确了球孢白僵菌（YN9108008）与啶虫脒有很好的相容性。通过实验发现，同一球孢白僵菌菌株对不同龄期棉蚜的毒力明显不同，对高龄棉蚜毒力较大，对低龄棉蚜毒力较小。从整体上来看，随着龄期的增加，球孢白僵菌对其毒力越来越大。该项目通过大量的室内外研究，筛选出了适合设施黄瓜健康生产的高效低毒低残留化学药剂并进行了大量的示范应用，收到了良好的效果。该项目构建出了适合临沂地区应用的设施黄瓜病虫害健康管理模式，提出了以生物防治为基础，生态调控为核心，高效低毒低残留药剂防治为辅助的设施黄瓜病虫害健康管理模式。

该成果的创新点：一是对临沂地区设施黄瓜的主要病虫害进行了调查，明确了临沂地区设施黄瓜病害主要为黄瓜灰霉病、黄瓜靶斑病、黄瓜霜霉病等，虫害主要为蚜虫、温室白粉虱及斑潜蝇。二是明确了临沂地区的杀虫真菌的优势种群为球孢白僵菌，且筛选出了适合临沂地区应用的高毒力球孢白僵菌菌株。三是开展了以球孢白僵菌（YN9108008）为基础的生物防治研究，开展了球孢白僵菌与化学农药的生物相容性研究，明确了球孢白僵菌（YN9108008）与啶虫脒有很好的相容性。四是构建出了适合临沂地区应用的设施黄瓜病虫害健康管理模式，提出了以生物防治为基础，生态调控为核心，高效低毒低残留药剂防治为辅助的设施黄瓜病虫害健康管理模式。

临沂市科技局于 2014 年 12 月组织专家鉴定，认为该项研究整体达到同类研究项目的国内领先水平。

知识产权：球孢白僵菌对不同龄期棉蚜的毒力测定（发表在《山东农业科学》2014 年第 3 期）；临沂黄瓜根结线虫病的发生与防治（发表在《农业科技通讯》2013 年第 12 期）；球孢白僵菌对棉蚜的毒力测定（发表在《山东农业科学》2013 年第 3 期）；球孢白僵菌与常用杀虫剂的生物相容性测定研究（发表在《农业科技通讯》2013 年第 3 期）。

推广应用：项目组从 2012 年起开始对临沂地区设施黄瓜主要病虫害发生危害情况及安全管理模式进行研究，并进行了防治技术的示范推广，有效地控制了病虫害的危害。该技术主要用于设施黄瓜安全生产，山东省各地及周边省市黄瓜产区均可应用。以临沂为核心示范区，应用该技术综合防治效果达 85.4%，每亩新增单产 1 778.0kg，平均比对照区增产 11.4%。获得了显著的经济效益、生态效益和社会效益，推广应用前景十分广阔。

五、特色资源保护与利用

1. 舍饲小尾寒羊管理应激反应及抗应激关键技术研究

完成单位： 临沂大学　临沂市农业科学院

完成人： 杨燕　吕慎金　满兴华　宋富华　周磊　彭祥云　王海霞

奖励等级： 2018 年 9 月获得临沂市科技进步奖二等奖。

成果简介： 该成果依托国家自然科学基金面上项目：不同应激条件下小尾寒羊行为适应与生理响应的协同机制研究（项目编号：31572448）和山东省现代农业产业技术体系羊创新团队项目（项目编号：SDAIT－10－14）。实施年限：2015 年 1 月至 2017 年 12 月。

该成果解决的主要问题：小尾寒羊是我国重要的肉毛兼用型的优良地方品种，具有中国“国宝”、世界“超级羊”及“高腿羊”等称号，并被列入了《国家畜禽遗传资源保护目录》。长期以来人们主要注重小尾寒羊的生产、疾病预防与治疗，忽视了小尾寒羊的一些行为学、生理学、内分泌学等方面的研究，从而带来了一些不可预知的影响与危害。小尾寒羊重要性状的生理特性不清，特别是管理应激对于舍饲小尾寒羊行为和生理内分泌的影响方面和影响程度没有进行系统深入研究，这是国内小尾寒羊养殖业生产中的一大难题。剪毛作为养羊生产管理过程中一项重要且必不可少的工作，一直受到广大养羊工作者的重视，但是在实际剪毛生产过程中，对剪毛生产所产生的应激程度却缺乏科学的认识。分群是现代小尾寒羊养殖管理过程中重要环节，分群必然会导致个体产生应激反应，而分群产生的应激会直接影响动物的生产性能、肉的品质，甚至会引发疾病。通过分析行为性状、检测生理指标，掌握剪毛应激对舍饲小尾寒羊行为和生理的影响效果。剪毛对小尾寒羊产生了短期强烈应激，并导致其行为和生理变化。剪毛也显著改善了小尾寒羊的福利水平。剪毛过程，无论公、母羊均出现血液代谢物的变化，并且这种变化存在性别差异。相比较而言，公羊的应激耐受性要强于母羊。通过分析行为性状、检测生理指标，掌握分群应激对舍饲小尾寒羊行为和生理的影响效应。分群内个体数越多，各行为次数变化随时间的推移越早地趋向稳定，说明了分群内个体数的增多有利于减少小尾寒羊应激。根据研究结果，结合示范推广，制定舍饲小尾寒羊抗应激关键技术。通过加强小尾寒羊驯化、合理设计羊舍、改善饲养环境、加强环境卫生、加强饲养管理、日粮中添加营养及抗体物质和使用中草药等措施，减缓或降低管理应激对舍饲小尾寒羊行为及生理造成的应激效应。

该成果的创新点：①提出并分析掌握管理应激对舍饲小尾寒羊行为和生理影响。针对舍饲小尾寒羊日常管理问题，对剪毛和分群对小尾寒羊造成的应激反应进行深入研究，从行为和生理方面进行详细分析，掌握日常管理中剪毛和分群对小尾寒羊造成的应激面和应激程度。②制定舍饲小尾寒羊抗管理应激关键技术。通过加强小尾寒羊驯化、合理设计羊舍、改善饲养环境、加强环境卫生、加强饲养管理、日粮中添加营养及抗体物质和使用中草药等措施，制定舍饲小尾寒羊抗管理应激关键技术，对小尾寒羊生产具有重要的实用价值。③创新小尾寒羊生产研究技术，填补小尾寒羊研究内容。国内对小尾寒羊研究均侧重于主要的经济性状，对行为学关注较少，特别是小尾寒羊管理应激对行为性状和生理特性造成的影响，国内尚未见报道。本研究以行为性状和生理指标作为研究性状，对小尾寒羊管理应激开展系统研究，开创利用行为性状和生理内分泌进行抗应激研究的先河，解决长期以来认为行为性状不能作为目标性状进行定向研究的模糊认识，证明行为性状可以作为目标性状进行应激研究的科学性，在国内尚无此方面的应用研究。④为小尾寒羊养殖场户提供一套应激防治手册。结合试验结果和示范效果，制定舍饲小尾寒羊抗管理应激关键技术，为养殖场户提供了一套养殖防治手册，可以根据羊场生产实际情况，有针对性的开展前期预防，将显著降低养殖过程中应激造成的生产损失，减少养殖成本投入，增加养殖效益，提升小尾寒羊健康养殖水平。

成果水平：该项研究整体达到国内先进水平。

知识产权：国家发明专利：一种防治羔羊痢疾的组合物及其应用，专利权号：ZL 2014 10267487. X；国家发明专利：一种利用 *OPRK1* 基因的单核苷酸多态性检测绵羊规避行为的方法及试剂，专利权号：ZL 2014 10245163. 6；国家发明专利：测定绵羊粪便排泄物中类固醇代谢物含量的方法，专利权号：ZL 2014 10126158. 3；国家实用新型专利：一种多功能牧羊鞭，专利权号：ZL 2017 20725621. 5；Pen size and parity effects on maternal behaviour of Small-Tail Han sheep（2015 年 7 月发表于《Animal》）；Parity and litter size effects on maternal behavior of Small Tail Han sheep in China（2016 年 3 月发表于《Animal Science Journal》）；圈养条件下小尾寒羊成年母羊春秋季昼夜行为节律分析（发表在《中国兽医学报》2012 年 9 期）。

推广应用：本项目在兰山、兰陵、沂南、平邑等县区已累计推广绵羊 5. 2 万只，新增经济效益 1 438万余元，显著增加畜牧产业经济效益，同时充分利用当地饲草、秸秆和劳动力资源，响应国家发展草食家畜的战略，取得较为理想的社会和生态效益。

2. 沂蒙黑山羊肉质性状研究与调控措施示范推广

完成单位：临沂市农业科学院

完成人：杨燕　王海霞　李馥霞　王冠东　王新森　张相霞　孙运娥

奖励等级：2017 年 9 月获得临沂市科技进步奖二等奖。

成果简介：该成果依托山东省现代农业产业技术体系羊创新团队项目（项目编号：SDAIT-09-011-15）。实施年限为2014年1月至2016年12月。

该成果解决的主要问题：沂蒙黑山羊羊肉是临沂地区的传统美食，长期以来人们对羊肉的营养价值及食用品质仅仅是感官或口感上的定性描述，缺乏对其肉质的科学分析与检测，特别是不同分割部位肉质性状的研究报道较少。为了宣传沂蒙黑山羊的优良生产性状，增加沂蒙黑山羊养殖效益，很有必要对沂蒙黑山羊肉质性状进行研究，以期为沂蒙黑山羊饲养管理及营养调控提供可靠的参考数据。通过检测沂蒙黑山羊不同部位肉质的理化指标，得出沂蒙黑山羊不同分割部位肉质在物理与化学指标含量上各不相同，掌握了沂蒙黑山羊不同分割部位的肉质特性，有效解决了该品种肉质特性量化问题，有助于消费者对羊肉产品的选择，增加了规模沂蒙黑山羊场的经济收入，取得了良好经济效益、社会效益以及环境生态效益。解决了沂蒙黑山羊肉质性状调控的关键技术问题。根据影响沂蒙黑山羊羊肉品质的因素进行了总结，有针对性的采取改善肉质性状的调控措施，以便提高沂蒙黑山羊的饲养管理水平及健康养殖水平，充分发挥沂蒙黑山羊在产肉方面的生产优势，促进沂蒙黑山羊肉质性状的提高。解决了沂蒙黑山羊饲养管理技术推广应用问题。本项目根据实验研究结论，结合生产实践，总结的配套调控措施不仅适用于沂蒙黑山羊，对奶牛、肉牛、兔等草食动物都有借鉴价值，因此实用性强，易于推广。

该成果的创新点：①对沂蒙黑山羊不同分割部位肉质特性进行检测与分析，进一步丰富了我国山羊肉质性状研究的内容，完善我国山羊肉质性状的研究资料，为深入研究与肉质性状相关的候选基因或进行某个或某些分子标记、分子育种研究提供了基础资料与实践依据。②为消费者根据自身需求选择合适部位的羊肉提供理论参考，帮助消费者清楚认识到不同部位羊肉营养成分的优劣之处，可以根据自身需求情况选择合适分割部位羊肉，丰富人们的饮食选择种类，利于人们日常生活营养均衡发展，促进人们的身体健康。

③调整或改善或加强提高沂蒙黑山羊羊肉品质的调控措施，以期增加该品种产肉率并提高羊肉的营养成分含量，降低生产投入，延长产业链，增加养殖企业的经济效益。④社会效益与生态效益显著，填补、完善沂蒙黑山羊饲养管理技术资料。

成果水平：在同类研究中达到国内领先水平。

知识产权：不同品种羊肉肉质分析（发表在《黑龙江畜牧兽医》2016 年第 7 期上期）；受理国家发明专利：一种羊肉卤料及其羊肉卤制方法；申请号：CN201410382185. 7。

推广应用：在沂南、平邑、罗庄、沂水、费县等沂蒙黑山羊养殖场进行示范应用，已累计推广沂蒙黑山羊 4 万余只，新增经济效益 1 480万余元，显著提高沂蒙黑山羊羊肉的价值，延长沂蒙黑山羊深加工链，增加沂蒙黑山羊产业的经济效益，促进肉羊产业发展，技术成熟度提高，可进一步在全省各大型肉羊养殖场、企业进行大量推广应用。

本项目结合生产实践，总结的配套调控措施不仅适用于沂蒙黑山羊，对奶牛、肉牛、兔等草食动物都有借鉴价值，实用性强，易于推广。临沂市草食动物养殖业发展迅速，牛、羊及家兔存出栏均名列全省第一，通过该项技术的推广应用，可显著增加草食动物的经济效益，促进临沂市草食动物养殖业发展壮大。

3. 规模化养殖沂蒙黑山羊主要疾病综合防治技术集成与示范

完成单位：临沂大学　临沂市农业科学院

完成人：杨燕　李富宽　迟瑞宾　李守现　王金梅　张志爱　刘强

奖励等级：2017 年 9 月获得临沂市科技进步奖一等奖。

成果简介：该成果依托山东省现代农业产业技术体系羊创新团队项目（项目编号：SDAIT-09-011-15）。实施年限：2014 年 1 月至 2016 年 12 月。

该成果解决的主要问题：近年来沂蒙黑山羊规模化养殖水平在持续提高，已经成为沂蒙山区农村经济的重要组成部分。但是，由于山区农民养羊长期处于家有户养，分散经营，农民科技养羊水平参差不齐，加之历史传统影响，部分养殖户缺乏防疫意识，饲养管理水平差等因素，导致沂蒙黑山羊疫病多发，阻碍了沂蒙黑山羊生产的发展。关于沂蒙黑山羊疫病防治方面，长期以来人们只是对沂蒙黑山羊养殖过程中的某几个疾病（寄生虫病研究较多）进行研究，对于如何进行全面预防、免疫直至最终的综合防治报道较少。为了保持沂蒙黑山羊养殖业健康持续生态高效发展，增加沂蒙黑山羊产业经济效益，很有必要对沂蒙黑山羊主要疫病综合防治技术进行研究并集成，以期为沂蒙黑山羊生产管理提供可靠的参考数据。通过前期调查分析，绝大多数沂蒙黑山羊养殖场以自繁自养为主；大半还是进行放牧或半舍半牧；对消毒工作不够重视；对病死羊少部分还采用深埋以外的处理方式；对粪便大多数采用堆积发酵处理。目前规模化沂蒙黑山羊养殖场中都具有自己羊场的畜牧兽医技术人员，绝大多部分是大中专或高中学历，本科及以上学历占到13.33%；有大量新生力量加入到沂蒙黑山羊的养殖业中。通过临床诊断困扰规模化沂蒙黑山羊养殖业的传染病主要是羊梭菌病、羔羊痢疾、传染性脓疱病和传染性胸膜肺炎；困扰本地区沂蒙黑山羊的寄生虫主要有蜱、螨、绦虫、捻转血矛线虫和羊鼻蝇；困绕沂蒙黑山羊的普通病主要是胎衣不下、乳房炎和营养物质代谢紊乱性疾病。开展药物筛选试验，确定合适的治疗方案。制定规模化养殖沂蒙黑山羊场疫苗免疫程序，研究驱虫程序化防治模式，对妊娠母羊采用分阶段饲养的方式。集成规模化养殖沂蒙黑山羊主要传染病、寄生虫病及孕期能量代谢病防治技术，并制定规模化养殖沂蒙黑山羊生物安全控制技术规范。

该成果的创新点：①掌握基层畜牧兽医技术力量配备现状。针对沂蒙黑山羊产业的发展形势，对沂蒙黑山羊养殖场技术人员进行详细的调研，摸清养殖场基层畜牧兽医技术人员的配备情况，掌握规模化沂蒙黑山羊养殖场技术水平。②形成沂蒙黑山羊规模化养殖条件下主要疫病综合防治方案。通过对羊场及流行病学进行调查，采取临床诊断、药敏试验等常规方法，对规模化养殖条件下沂蒙黑山羊常见病进行了综合和分析，形成了该养殖模式下的综合防治方案，对沂蒙黑山羊生产具有重要的实用价值。③制定规模化养殖沂蒙黑山羊生物安全控制技术规范。通过系统研究，结合生产实践，综合形成了规模化养殖沂蒙黑山羊生物安全控制技术规范，该规范的实施对于沂蒙黑山羊向规模化养殖转变将起到积极的推动作用，并将具体规范指导沂蒙黑山羊规模化饲养技术。④提供给基层沂蒙黑山羊养殖场户一套养殖防治“字典”。研究结合试验结果和示范效果，集成规模化养殖沂蒙黑山羊主要疾病综合防治技术，给基层沂蒙黑山羊养殖场户提供了一套养殖防治“字典”，可以根据羊场生产实际情况，有针对性的进行对照学习及前期预防，将显著降低养殖过程中疾病的发生发展，减少养殖成本投入，增加养殖效益，提升沂蒙黑山羊养殖的规模化水平。

成果水平：该项目达到同类研究国内领先水平。

知识产权：肉羊常见病防治技术（发表在《山东畜牧兽医》2014 年第 35 期）；沂蒙黑山羊蜱虫病的防治（发表在《山东畜牧兽医》2014 年第 35 期）；国家发明专利：一种防治羔羊痢疾的组合物及其应用；专利号：ZL201410267487. X；临沂市地方标准：沂蒙黑山羊饲养管理技术规程，标准编号：DB 3713/T 101—2017。

推广应用：本项目在沂水、费县、沂南、平邑、罗庄等沂蒙黑山羊养殖场进行示范应用，已累计推广沂蒙黑山羊 4. 2 万余只，新增经济效益 1 168万余元，显著降低规模化沂蒙黑山羊场疾病发生率，减少羊场的药物成本，增强沂蒙黑山羊抗病力，提高成活率、繁殖率和生长速度，增加沂蒙黑山羊产业的经济效益，促进规模化肉羊产业发展，技术成熟度高，可进一步在全市各大型肉羊养殖场、企业进行大量推广应用。

本项目的推广推动沂蒙黑山羊产业由农村经济发展的补充地位

向主导地位的提升，真正把沂蒙黑山羊产业确定为区域经济发展的主导产业；通过科技引领，发挥科学技术对养羊业发展的支撑促进作用；通过临沂市传统养殖业的发展，解决农村中老年的就业问题，促进新农村产业结构调整。因此对加快推进沂蒙黑山产业规模化、标准化、优质化发展，对加快沂蒙山区农业产业结构调整，有效解决农村剩余劳动力就业，确保农民增收致富有着十分重要的作用，社会效益显著。

4. 超晚熟冬蜜桃新品种选育及丰产栽培技术集成与示范

完成单位：临沂市农业科学院

完成人：彭金海　张彦玲　臧宝锋　崔健　刘洪晓　李辉　宋兴良　张枫

奖励等级：2017 年 9 月获临沂市科技进步奖二等奖。

成果简介：该成果根据企业及生产需要自选课题完成，实施年限为 2014 年 1 月至 2016 年 12 月。

该成果主要针对临沂市作为中国桃树之乡，种植面积全国最大，但由于品种老化、种植结构不合理、栽培技术落后、分散经营等原因，造成果品品质下降，投资大，用工多，产量低、收益小，不能满足市场需求，极大挫伤了果农的积极性。特别是缺乏超晚熟、果型优、色泽鲜、口感好、耐储存的冬蜜桃新品种供应冬季高端水果市场。临沂市农业科学院与临沂市兰山、郯城、蒙阴等多家涉农企业和合作社联合进行桃新品种选育和高产栽培技术研究，通过实生选育、芽变、多花粉杂交育种、嫁接蒙导及现代生物技术相结合等，选育出适合目标性状的超晚熟冬蜜桃新品种，该品种具有超晚熟、色泽鲜红，口感好，含糖量大，果型优美，果个大，恋枝强、耐储存、可食率高等特点，开展了高光效栽植模式、间作套种模式、开展了海藻有机肥、生物菌、矿物质土壤调理和叶面营养肥的配方研究，生物菌负氧离子发生器杀虫杀菌、生物防控，除草膜、反光膜、套袋技术等良种良法配套全面系统研究，总结完善了一套完整的优质、高产、高效栽培技术《桃》规程。

该成果的创新点：一是超晚熟冬蜜桃选育有新突破。经过对冬蜜桃新品种的化验分析，可溶性固形物含量 16.4%，总酸 0.14%。选育出的冬蜜桃新品种具有超晚熟、色泽鲜红、果型优美、果个大、核小，肉质脆，口感好，含糖量大，抗裂果，恋枝强、耐贮藏，且具有丰产性、抗病性等特性。具有以下优点，错开上市时间，价格高；耐储运，10 月下旬成熟采摘后放入气调库，可储存到次年 4 月；可食率高，果肉厚，果核小；果品口感好，从果皮到核香甜，口感脆滑，没有苦、涩、绵味道。二是栽培模式研究有创新。单干密植栽培，采用株距 1.2m，行距 2.5m，密植栽培技术（亩栽 222 棵），采用鱼鳞式修剪模式，高光效，优质高产。果园套种模式研究。桃树栽培采用行距 4m，株距 1.5m，在行间套种百合、油用牡丹、中草药（丹参、太子参、桔梗）、紫花苜蓿或果园生草（鼠尾草）模式，增加收入，改善果园生态环境。三是推广应用模式有创新。协会—公司—联合社—合作社—家庭农场（农户），形成利益共同体，互相监督，以点带面，辐射带动当地百姓推广应用新产品、新技术，调整产业结构、提升产业竞争力。

临沂市科技局于 2016 年 12 月 29 日组织专家鉴定，认为该研究成果在新品种选育、主干型栽培模式等方面有创新，研究达到国内领先水平。

知识产权：“琅琊绯蜜 1 号”冬蜜桃生物学特性及栽培技术（发表在《中国园艺文摘》2015 年第 1 期）；桃园套种百合高产高效栽培技术（发表在《中国园艺文摘》2015 年第 5 期）；沂蒙山区桃业建设及提质增效栽培技术（发表在《中国园艺文摘》2015 年第 8 期）；临沂市桃业现状及提质增效技术研究（收录在《山东园艺学会第八届会员代表大会暨学术研讨会论文集》2015 年 8 月）；琅琊绯蜜超晚熟冬蜜桃新品种选育及栽培技术研究（收录在《山东园艺学会第八届会员代表大会暨学术研讨会论文集》2015 年

8月)。

推广应用：通过建立示范基地、开展人才培养、技术培训和示范推广等措施，建立良种资源圃200亩，以联合社的方式分别在郯城县、临沭县、蒙阴县、临沂市高新开发区、临沂市临港区、临沂市兰山区、临沂市罗庄区、日照市、安徽省阜阳市、浙江省宁海县等地建立示范园2 800亩。目前该品种已在山东、安徽、江苏、德州、新疆等地大面积推广，经济、社会、生态效益显著。

5. 银杏主要有害生物综合防控技术集成示范与绿色农产品开发

完成单位：临沂市农业科学院

完成人：翟今成　牛建群　崔爱华　冷鹏　张明伟　高森　王俪晓　宿刚爱　左辉　朱国淑

奖励等级：2016年11月获临沂市科技进步奖二等奖，2017年12月获中国商业联合会全国商业科技进步奖二等奖。

成果简介：该成果根据银杏生产需求自选课题完成，实施时间为2013年1月至2015年12月。

该成果主要针对当前银杏生产上有害生物发生呈逐年上升趋势，由于对银杏有害生物缺乏系统的研究，银杏有害生物的防治成本高、操作性差、效率低，难以有效的缓解和控制高发的有害生物。银杏产品的开发依然停留在提供初级产品上，深加工产品少，产品科技含量低，品种比较单一，市场供应能力差。同时，对当前银杏生产上主要有害生物及发生规律进行调查研究；并集成相关技术制定一套安全、高效、生态、实用的绿色防控技术体系，对现有的银杏产品制作工艺进行总结、归纳、提升，并进行了示范开发。

该成果的创新点：①本研究对临沂地区银杏有害生物种类进行调查，摸清了银杏树上有37种有害生物，其中病害8种，虫害28种，软体有害生物1种及其发生时间、危害部位、危害程度。②本研究针对银杏有害生物进行相关药效试验，共筛选出哇唑EC、碧护、苦参碱、高氯阿维菌素 EC、高效氯氰菊酯 EC、杀铃脲悬浮剂、氟虫腈悬浮剂、BT 乳剂、吡虫啉等一批低毒高效农药品种。③根据有害生物种类调查和药效试验，制定出一套银杏有害生物绿色综合防控技术。④优化改进一套银杏茶叶炒制工艺——二次揉捻法，通过此工艺加工得到的银杏茶有效成分含量高、口感正宗、色泽较好，香气逼人。⑤发明一种银杏面粉的制作工艺，较好的改善了面粉的成分、口感，具有较好的保健功能。⑥发明一种植保钉和一种施肥器，不但提高了工作效率，而且也提高了农药、肥料的利用率，减少人力、物力的投入。

临沂市科技局于 2016 年 1 月组织专家鉴定，认为该项研究在银杏有害生物综合防控技术和银杏产品加工上有创新，达到同类研究的国内先进水平。

知识产权：临沂地区银杏主要有害生物种类调查（发表在《植物医生》2015 年第 9 期）；银杏地下害虫种类调查及综合防治策略（发表在《植物医生》2014 年第 3 期）；银杏大蚕蛾的生物学特性、发生特点及防控技术（发表在《植物医生》2014 年第 11 期）；银杏茶黄蓟马发生规律及综合防控技术（发表在《植物医生》2014 年第 3 期）；临沂市银杏超小卷叶蛾发生规律及综合防控技术（发表在《植物医生》2014 年第 9 期）；银杏茎腐病的发生规律与综合防治（发表在《植物医生》2015 年第 11 期）；临沂市叶用银杏园标准化栽培技术（发表在《植物医生》2015 年第 11 期）；银杏叶茶深加工技术（发表在《植物医生》2015 年第 7 期）；一种植保钉（专利号：ZL201520129727X）；一种施肥器（专利号：ZL2015202945439）。

推广应用：通过本项目的研究，可以有效的控制临沂市银杏生产中的有害生物的发生，并有效的减少农药和肥料的使用，确保农产品的安全，减少农药、化肥对环境的污染；通过对银杏产品加工技术的研究可有效的延长银杏产业链条，提高银杏附加值，增加当地农民收入，促进临沂市经济建设可持续发展。2013—2015 年在临沂地区累计推广 48.01 万亩，每亩新增单产 151.6kg，新增总产 7 278.316万 kg，经济效益和社会效益显著。

6. 蒙山野生百合驯化、选育及高产栽培技术研究

完成单位：临沂市农业科学研究院　山东沂水食用百合研究开发中心

完成人：彭金海　冯涛　张彦玲　李辉　王一凡　庄克章　王树强

奖励等级：2016 年 9 月获得临沂市科技进步奖二等奖。

成果简介：该成果依托临沂市科技局下达的科技发展计划课题（项目编号 201412008），实施时间为 2014 年 1 月至 2015 年 12 月。

该成果主要针对临沂市蒙山野生百合的原生境遭严重破坏，百合种球主要依赖进口，且价格昂贵、品种容易退化、栽培条件较高，投资大，效益差，缺少拥有我国自主知识产权的百合品种等，严重制约我国百合产业的发展的系列问题。通过对临沂市蒙山野生百合资源保护的基础上，开展资源调查、探索野生百合生育规律及特性，通过驯化栽培、杂交育种等开展新品种选育。通过引进创新再集成等途径，进行野生百合驯化选育、新品种的选育及籽球快繁，在短期内迅速扩大珍稀濒危野生百合种的群体数量，在沂水建立 200 亩百合种质基因库和扩繁基地，将选育出的拥有自主知识产权、适合不同目标性状（药食兼用、观赏价值高）、抗性强的新品种，迅速推向市场，扩大产业化规模；同时开展了百合农林生态立体种植模式技术、百合的自然繁育与反季节种植技术、百合的抗涝和抗旱改良技术、百合的高温与低温种植技术、百合无土栽培与漂浮种植技术、百合病虫害物理与生物自然防治技术、百合的冷培育种、脱毒育种、歪植育种和水培育种法、磁化水与磁化肥的增产技术、百合科及地下球根茎类作物一次性施肥技术、保水吸水剂与免耕剂施用技术、百合种球的物理脱毒和化学脱毒及半脱毒育种技术、有机食用百合的高产种植技术、食用百合亩产 4 000kg 高产种

植技术、偏酸、偏碱百合种植土壤的肥料改良中和技术、冬培育种技术、倒植育种技术、冲洗育种技术、百合抗重茬连作技术、无土脱毒育种技术、百合的化学除草和物理除草技术。将研究成果和技术与水肥一体化技术、物联网技术、景观植物配置应用技术、采后储藏深加工技术进行集成，形成了食用百合优质高效栽培技术。

该成果的创新点：一是设计理念、设计思路创新。在充分研究论证国内外百合发展现状的基础上，充分利用临沂市资源优势，独辟蹊径，培育适合我国国情的以食用为主，兼具药用、观赏等多功能的百合新品种，并建立临沂市最大的百合基因库。二是新品种选育获重大突破。选育出兼具“药用、食用、保健、观赏”多功能用途的新品种2个，其中蒙山百合6号，经化验分析每100g鲜百合含有4.1g蛋白质，0.18g脂肪，21.3g淀粉，11.55g糖，0.66g钾，0.091g磷，0.58g粗纤维。其中蛋白质、淀粉、糖、钾、磷等含量与可食用的兰州百合、卷丹百合和龙牙百合相比，明显增高，脂肪含量变化不明显、而粗纤维含量明显降低，非常适合我国消费习惯和市场需求。三是超组培（水淋）培育籽球技术，获重大突破。该技术面对生产实际，以节本增效、省力、快繁，可达到根据目标需求快速高质量繁育种球的目的，是百合籽球培育技术的一次革命。该技术采用冲洗育苗技术和冬培育苗技术相结合，周年培育籽球，每年可培育籽球10批次，提供5万亩育苗籽球。四是新品种新技术应用有新亮点。百合籽球快繁，花期调控、高产稳产栽培技术，百合抗重茬连作障碍、除草剂配伍等相关技术。总结创新了百合高产、高效创新理论。根据市场需求确定是否摘心、摘心时间，就地越冬等技术措施。总结了不同生育期摘心与种球生长理论，多年实践经验证明，在百合生育期，不同时期摘心对百合产量有很大影响，在百合部分花苞打开，开花基因打开后，再打头，产量提高30%。就地越冬保存比当年种植产量提高15%~20%。筛选、复配百合科除草剂2组，实验效果显著，无明显药害。瑞麦隆单独使用效果显著，14%的果儿与20%的施田补混用，黏土地

100ml/亩，沙土地 80ml/亩，杀除禾本科杂草和阔叶杂草均有良好效果，对百合无明显药害产生。基地发展近 20 年，一直种植百合，连作障碍严重制约着百合生产，对此总结出了百合抗重茬连作障碍技术，对土壤采用先杀后补，采用一次性施用有机肥、生物菌肥、矿物质肥等补充土壤中微量元素和有益生物菌。

临沂市科技局于 2016 年 1 月 17 日组织专家鉴定，认为该研究成果整体达到国内领先水平。

知识产权： 蒙山百合科植物资源调查（发表在《中国园艺文摘》2015 年第 3 期）；桃园套种百合高产高效栽培技术（发表在《中国园艺文摘》2015 年第 5 期）。

推广应用： 通过建立示范基地、园林配置应用、开展技术培训和推广等措施，建立百合核心示范基地 200 亩，示范面积 6 000亩，每年提供种球 1 500万粒；新品种在新疆、黑龙江、广东、浙江、云南、贵州、甘肃、内蒙古、安徽、江西、四川等地试种成功，试验成功了百合农林花卉立体间作模式、百合园林园艺套种模式和农作物经济作物立体生态模式，百合庭院小区观光休闲模式，百合街道、百合自然种植模式、百合景区公园套种模式和广场绿化间作模式等。并首创大自然百合生态农林循环经济模式，产生了巨大的累加效益，推动了生态农林多产业的融合调整，经济效益、社会效益和生态效益显著。

7. 丹参在林药复合种植体系中的应用研究

完成单位： 临沂市农业科学院

完成人： 张谦　李斌　陈香艳　丁文静

奖励等级： 2015 年 9 月获得临沂市科技进步奖二等奖。

成果简介： 该成果依托山东省农业科学院农产品所立项进行"药用植物耐阴性在林—药复合种植体系中的应用研究"课题，并与实施年限为 2013—2015 年，与临沂市农业科学院合作订立了"院地合作"协议，本合作是对多种药用植物进行遮阴逆境胁迫的研究试验，测定药用植物耐阴性相关的形态和生理生化变化指标，采用相关分析、主成分分析和回归分析等方法对这些药用植物的耐阴性进行分析，把各个指标转化为综合指标的值，最后与相应的隶属函数值进行加权对各品种的耐阴性进行综合评价。

随着丹参药用价值的开发，其用量越来越大，栽培面积急剧增加，随之而来的重茬危害和药粮争地的矛盾日益突出。为解决此问题，主要技术方案是：①在药用植物主要生育期，测定群体内不同位置光能的截获、透射和反射，计算光能的截获率、透射率、反射率和利用率，探讨不同郁闭度对光能截获、转化和利用等的影响。②在药用植物主要生育期，测定不同处理功能叶净光合速率，分析各植物光合特性在不同生长光强下的动态变化，观察各植物光合速率随着郁闭度的增加下降是否明显。③通过不同的光照强度的影响，测定植株干物质积累的动态变化，研究光强与生物产量的相关性。④探讨不同遮光度与产量减少百分率的相关性，筛选出可在生产实践中推广应用耐阴性好的资源。⑤进行与植物耐阴性有关的光合生理及相关参数的研究，筛选适用于药用植物耐阴性评价的指标，作为植物对郁闭环境适应能力大小的评判依据。

本成果的突出亮点是：①药用植物耐阴性评价技术指标研究。以自然光为对照，研究药用植物不同郁闭度下的光能利用特性，探讨不同光量子通量密度和光合速率的关系，揭示光能在植物干物质积累中的贡献率，筛选适用于药用植物耐阴性评价的指标，建立药用植物耐阴性评价关键技术作为药用植物对郁闭环境适应性的评判依据。②筛选出适宜进行林下种植药用植物品种。依据建立的药用植物耐阴性评价技术，在试验研究的基础上，筛选出适于山东省种植的喜阴、耐阴药用植物品种。丹参在筛选出的多个品种中，是沂蒙山区栽培面积较大，影响面最广，推广应用价值最大的药用品种之一。根据丹参的耐阴特性，首次提出了丹参与桃树间作的栽种模式。与 2~3 年桃园幼树间作，解决了丹参种植与粮争地的矛盾，又增加了桃树的复种指数，提高了土地的利用率，增加了农民的收入。

具体技术方案是：在 1~3 年的幼树桃园中，桃树行距一般是 4m，在桃树行中间套种 2~3 垄丹参，在不影响桃树正常生长的情况下，每亩收丹参（干参）超过 340kg。每亩纯收入 3 000~4 000 元。本研究在 2014 通过临沂市科技局组织的测产验收，同年经过临沂市科技局鉴定，达到国内先进水平。

推广应用：本研究成果向社会投放推广以来，应用成效非常明显。到目前，平邑县武台镇、蒙阴县的连城、临沭县的郑山、沂南县的铜井、临港区的孙家山窝等，只要有条件的，就采用此项技术，每年的应用面积在 5 000亩以上。纯增经济效益 1 500万元以上。现在农民把此技术延伸应用到和葡萄、猕猴桃、大樱桃等果树间作，效果显著。

8. 沂蒙黑山羊种质现状与开发利用研究

完成单位：临沂市农业科学院

完成人：杨燕　吕慎金　李富宽　陈炳宇　王斌　李馥霞　侯慧敏

奖励等级：2014 年 9 月临沂市科技进步奖二等奖。

成果简介：该成果依托山东省现代农业产业技术体系羊创新团队项目（项目编号：SDAIT-09-011-15）。实施年限为 2011 年 1 月至 2013 年 12 月。

该成果解决的主要问题：沂蒙黑山羊是山东省肉绒皮兼用的地方优良品种，是我国优秀的地方种质资源，2003 年被列入“中国畜禽品种资源名录”，2011 年又被山东省首批公布为十大重点保护地方畜禽品种之一。但有关沂蒙黑山羊养殖现状、品种特征等仍然不清，这严重影响到沂蒙黑山羊的生产性能与产业发展，由于我们不清楚沂蒙黑山羊种质现状与特征而影响沂蒙黑山羊的利用年限与生长发育规律，给养羊业造成一定的经济损失。长期以来，人们只注重沂蒙黑山羊的散放饲养，忽视了作为地方品种的种质资源品种保护、开发利用等方面的研究，从而带来一些不可预知的影响与危害。

通过调查分析沂蒙黑山羊的种质资源现状，掌握了目前沂蒙黑山羊的饲养规模、效益状况及发展优势等，研究测定了沂蒙黑山羊体型外貌、外形特征、生产和繁殖性能等品种特性，解决了其种质现状模糊不清的问题。采用开放式体系和本品种选育方法对沂蒙黑山羊进行了系统选育提高，纯化了品种特性，改善了主要性能。外形整齐度提高30%以上，生产性能提高15%以上，羔羊成活率提高6%，达到91.6%；繁殖性能显著提高，双羔率达到13%。进一步丰富了我国地方优良品种选育方法与手段。建立了沂蒙黑山羊遗传资源保护体系。在蒙阴、费县、平邑、沂水、沂南等地建设了10余处沂蒙黑山羊保种场，完成了3个结合，实现了3个转化，初步建立了较为完善的“保种—选育—开发—利用”综合配套体系，基本实现了沂蒙黑山羊产业化开发与利用，取得了较为显著的经济效益、社会效益和生态效益。

该成果的创新点：一是解决长期以来对沂蒙黑山羊种质资源现状的模糊认识，掌握沂蒙黑山羊目前存在状态，明确对黑山羊进行保种的必要性及紧迫性，证实对沂蒙黑山羊进行开发利用的经济社会效益及品牌效益。二是提出结合沂蒙黑山羊散放群体、原群体、纯系培育群体，进行纯繁体系、扩繁体系、示范推广体系的转化，初步建立较为完善的“保种—选育—开发—利用”综合配套体系，实现沂蒙黑山羊产业化开发利用。三是项目推广应用容易，经济社会生态效益显著，发展前景良好。四是探索地方品种保护与利用的有效途径，进一步丰富了我国地方优良品种选择选育方法与手段，提出了地方品种合理开发利用的有效途径，是对我国地方优良品种在合理保护的基础上进行选育和利用的有益补充。

成果水平：在同类研究中达到国内领先水平。

知识产权：沂蒙黑山羊生产现状及产业发展对策分析（发表在《黑龙江畜牧兽医》2013年第12期）；沂蒙黑山羊蜱虫病的防

治（发表在《山东畜牧兽医》2014 年第 2 期）；肉羊常见病防治技术（发表在《山东畜牧兽医》2014 年第 2 期）；沂蒙黑山羊种质资源现状及保护开发对策（发表在《家畜生态学报》2014 年第 6 期）。

推广应用：通过对养殖人员进行综合培训，指导测量登记、选择选育技术，已在沂南、沂水、费县、平邑、蒙阴等养殖场示范推广。已累计推广沂蒙黑山羊 2.1 万余只，新增经济效益 337 万余元，为农民增收、农业增效带来显著的经济效益。随着国家生态建设对动物养殖的要求越来越高，本项目以绿色、环保、无污染、无额外投入等优势而具有良好的推广前景。今后应进一步通过各种媒介加强指导与培训，同时满足养殖场在技术、管理等方面的需求，积极在有条件的养殖场进行推广，形成示范与带动效应。

六、农业园区与农业品牌建设

1. 农业品牌化推动区域经济发展研究

完成单位：临沂市农业科学院

完成人：周绪元　卢勇　解辉　孙伟　张永涛　周楷轩　张现增　张林夕　朱方园　刘西伟　周绪红　付成高

奖励等级：2018 年 12 月获中国商业联合会全国商业科技进步奖一等奖，2018 年 8 月获临沂市科技进步奖二等奖。

成果简介：该成果依托 2016 年山东省软科学研究计划课题完成，实施时间为 2016 年 1 月至 2017 年 12 月。

该成果采用微观经济学、农业经济学、市场营销学的相关理论，运用文献研究法、实证研究与广泛研究相结合的研究方法，分析了农业品牌化的现状，阐述了农业品牌化的内涵及农业品牌化与推动区域经济发展的协同关系；提出了农业品牌化发展的三个阶段，重点针对地级市的农业品牌化发展，解决了农业品牌建设的体系架构模式选择问题，提出了全域形象品牌、区域产业品牌、企业产品品牌“三牌协同架构”模式；提出了地级市“1+3+N”全域全链一体化的农业品牌化推进体系，明确了实行梯次推进、搞好顶层设计、推广“三牌协同”架构模式、抓好宣传营销、强化科技创新、做大做强龙头企业、形成品牌创建合力等加快山东农业品牌化发展的路径和策略。

该成果的创新点：一是提出并明确了”农业全域形象品牌”概念，科学划分了农业品牌化的发展阶段。把农业区域公用品牌细分成全域形象品牌与区域产业品牌，共同点都是区域内共有的，能够为企业产品品牌做背书，不能单独作为产品商标使用，只能和企业产品商标共同使用；不同点在于，全域形象品牌具有引领作用，能够覆盖整个地域，在很大程度可以代表地方形象；区域产业品牌主要作用是背书，只能覆盖本产业的部分区域，可促进地方形象提升。将农业品牌化划分为奠定农业品牌基础、特色优势农产品品牌化、区域农业品牌化 3 个发展阶段。二是率先提出了“全域形象品牌+区域产业品牌+企业产品品牌”的“三牌协同”架构模式。“全域形象品牌+区域产业品牌+企业产品品牌”三牌协同架构模式，是对传统母子品牌架构模式的创新和发展。全域整体形象品牌是作为引领，区域产业公用品牌作为背书，而企业产品品牌是最重要的主体，全域形象品牌和区域公用品牌，都是通过产品品牌来创造效益的，都是为产品品牌服务的。3 种品牌是相互促进、相互支撑。该模式特别适合在地级市区域范围应用。三是提出了地级市“1+3+N”全域全链一体化的农业品牌化推进体系。“1”就是一个模式，即“全域形象品牌+”模式。特色优势产业采用“全域形象品牌+区域产业品牌+企业产品品牌”三牌协同架构模式。在非特色优势产业，推广“全域形象品牌+企业产品品牌或服务品牌”母子品牌模式。“3”就是市级层面、县级层面、企业层面 3 个层面形成合力。市级层面负责全域形象品牌打造，组建运营机构，引领全市农业品牌化发展；县级层面负责区域产业品牌打造，支撑全域形象品牌提升，背书企业产品品牌创建；企业作为品牌建设的主体，负责产品品牌创建，在全域形象品牌、区域产业品牌的引领背书下加快发展。“N”就是建立健全N个保障机制和体系。如品牌运营与保护机制、品牌准入与退出机制、财政支持与金融保障机制，产品（服务）标准与质量追溯体系、整合传播与营销体系、产地贮存与冷链物流体系等。

该成果具有很高的学术性和很强的实用性，“三牌协同”架构模式为全国首创，特别适合地级市层面全面推进农业品牌化应用，前景广阔。

知识产权：农业品牌化的现状与未来发展思路——以山东省临沂市为例（发表在《农业展望》2016年第11期）；地级市层面全域农业品牌化发展模式与路径研究（发表在《江西农业科学》2017年第11期）；农业品牌化推动区域经济发展研究（发表在《软科学研究》2017年第9期）。

推广应用：临沂市应用该成果提出的“三牌协同”模式，成立了临沂市农产品产销协会，组建了产自临沂运营中心，负责“产自临沂”公用品牌的管理运营。济宁、聊城、连云港等市应用该成果，聘请浙江大学策划了全区域、全品类、全产业链的整体形象品牌，以此为引领，统筹地理标志农产品品牌、企业产品品牌建设，提高了农产品知名度。

2. 沂蒙优质农产品区域公用品牌的构建与开发利用研究

完成单位：临沂市农业科学院

完成人：周绪元　苗鹏飞　王梁　赵锦彪　卢勇　付晓　周楷轩

奖励等级：2016年12月获中国商业联合会全国商业科技进步奖二等奖。

成果简介：该成果依托2015年临沂市社会科学研究课题完成，实施时间为2014年1月至2015年12月。

该成果全面调查了沂蒙优质农产品区域公用品牌发展现状与存在问题；系统分析、总结了国内外农产品区域公用品牌发展模式与经验；提出了沂蒙优质农产品区域公用品牌构建模式，即“三特两标”（特殊品种品质、特色文化创意、特定消费群体、徽标、标准）的沂蒙优质农产品品牌构建模式；立足将沂蒙优质农产品公用品牌资源优势转化为经济优势的途径，创立了沂蒙优质农产品区域公用品牌开发利用模式，即建立多元化的品牌支撑体系、多环节的品质控制体系、多方共赢的品牌互促体系、多种形式的品牌营销体系的“四多体系”开发利用模式；同时，为打造有影响力的沂蒙优质农产品区域公用品牌提出了品牌规划、品牌管理、品牌整合、品牌推介、品牌保护等对策；形成了《沂蒙优质农产品区域公用品牌构建与开发利用研究报告》。

该成果突出了“沂蒙元素”在品牌创建中的利用。一是沂蒙特色品种资源。提出对沂南黄瓜、苍山牛蒡、蒙阴蜜桃、平邑金银花、临沭柳编等已具有一定规模性和知名度的区域公用品牌农产品要加强品种选育，强化特质，扩大宣传，将其培育成特色名品；对孝河藕、沙沟芋头等历史传统产品，深入开发，扩大规模，提高产品附加值。二是沂蒙文化资源。沂蒙是一个具有地理特点和文化特征的名称，尤其是随着一些影视热剧的播出，当地的文化也得到了更多的发展和弘扬，在临沂市发展现代农业的过程中，也充分利用了当地了文化优势，促进当地农产品的品牌建立，提高了当地农产品品牌的影响力，打造出国内知名的农产品区域公用品牌。三是在区域公用品牌徽标的设计中突出沂蒙特色。徽标既要美观大方，简洁实用，又要体现沂蒙的区域农产品特点、特殊的地理位置和该区域的历史、文化、风情、丰富的精神内涵以及价值取向等，以此来提高区域公用品牌的知名度和影响力。

该成果的创新点：一是提出了农产品区域公用品牌“三特两

标”构建模式。“开发特殊品种品质，策划特色文化创意，瞄准特色消费群体，做好区域品牌徽标设计，统一区域农产品品牌标准”的“三特两标”构建模式，解决了区域公用品牌只是地域形象、价值空心的问题，实现符号化、差异化、价值化的内涵和表现形式的统一。二是提出了农产品区域公用品牌“四多体系”开发利用模式。建立完善多元化的品牌支撑体系、多环节的品质控制体系、多方共赢的品牌互促体系和多种形式的品牌营销体系的“四多体系”模式，实现了区域公用品牌的价值整合提升，对于提高当地农产品区域公用品牌知名度、企业产品的信誉度及核心竞争力，树立良好的区域形象，提升所在地区和城市知名度，都有重要的推广价值。

沂蒙优质农产品区域公用品牌在全国具有很大社会影响，已经成为全国农产品区域公用品牌建设的一个样本。该项研究完善了沂蒙优质农产品品牌创建与价值提升策略，提出了沂蒙优质农产品区域公用品牌构建模式及开发利用模式，提升了沂蒙优质农产品品牌价值。该研究成果在品牌创建理论上有创新，对促进全国农产品区域品牌创建具有重要的学术价值和实践意义。

知识产权：沂蒙特色农产品区域公用品牌构建模式与提升策略探讨（发表在《江西农业科学》2016 年第 9 期）

推广应用：临沂市应用该成果提升了区域公用品牌价值，在浙江大学 CARD 中国农业品牌研究中心发布的 2015 年全国农产品区域公用品牌价值评估中，临沂市苍山大蒜、蒙阴蜜桃、沂南黄瓜、临沭柳编进入全国百强。山东省金银花行业协会在培育“平邑金银花”区域公用品牌中采用该成果，平邑金银花的品牌价值由 2013 年的 9.37 亿元、全国第 156 位，提高到 2015 年品牌价值达到 13.68 亿元、全国第 122 位。

3. 山东省临沂市现代农业产业发展规划

完成单位：中国农业科学院农业资源与农业区划研究所　临沂

市农业科学院　临沂市农业委员会

完成人：尹昌斌　周绪元　苗鹏飞等

奖励等级：2015 年 12 月获中国农业资源与区划学会科学技术奖一等奖。

成果简介：该项目由临沂市人民政府委托，2013 年 4 月至 2013 年 11 月完成。

在总体规划方面，一是规划以推动农业产业的“转、调、创”为主线，紧紧围绕构建现代农业产业体系中心任务，提出按照“分阶段、有重点、有计划、分层次推进”进度安排，着力打造具有国际竞争力的农业全产业链集群和打响“生态沂蒙山、优质农产品”农业名片两大目标，重点建设沂河、沭河、祊河三条生态长廊，优化“南部粮食蔬菜与都市农业、北部林果蔬菜畜牧、西部林果药材、东部粮油茶叶畜牧”四大板块的现代产业布局。二是规划设计重点建设一批现代农业生产基地，规划落地一批现代农业产业园区，构建形式多样的农产品营销网络，创建一批优质农产品品牌，树立“绿色、循环、低碳”理念，做大、做强、做响、做精、做美临沂农业，提出重点做强、做精粮油、蔬菜、果药茶烟、林业、畜牧、渔业、都市农业等七大产业，通过品牌引领、基地建设、加工业与物流贸易延伸与提升，构建七大现代农业产业体系。三是规划提出了新型经营主体培育、企业战略合作机制、产学研结合机制创新、现代农村金融服务、农村产权制度改革等五方面战略创新和突出现代农田与基础设施、现代水网、现代农业装备与生产资料供应、现代农业科技与推广、现代农业信息化、现代农产品质量安全等六个支撑体系建设。

在专项规划方面，一是沂河高效生态特色农业长廊建设规划提出，遵循“绿色发展、循环发展、低碳发展”理念，按照“城乡统筹、水路一体、以河为轴、两岸开发”的要求，打造林果、花卉园艺、休闲渔业和高档设施园区相间，多种特色产业相互交映的高效农业特色生态长廊，通过水系和景观等基础设施一体化建设，把沂河沿岸建设成集现代农业生产、农产品加工和休闲观光为一体的高效生态特色农业长廊，使之成为高效农业产业带、现代农业示范区、观光农业长廊、农民增收的新亮点和水生态文明建设的典范，临沂现代农业和生态农业的展示平台。二是农产品加工业发展规划提出，合理开发利用临沂市特色优势农产品资源，发挥比较优势和后发优势，发展外向型和科技型农产品加工产业链经济，把临沂市打造成全国的粮油深加工基地、果蔬深加工与物流基地、畜产品深加工基地和特色农产品加工基地，建成全国农产品加工示范基地和面向国际市场的优质农产品供应基地，形成农产品加工产业集群。三是农产品商贸物流规划提出，以市场为导向，以企业为主体，重点实施农业与物流业融合发展工程，大力发展农民专业合作经济组织，完善冷链物流基础设施，培育发展冷链物流企业，建设一体化的、可追溯的、集农产品的交易、物流、增值加工、物流金融和信息等于一体的农产品物流产业体系。

临沂市人民政府于 2013 年 11 月 24 日邀请国家农业部、发改委、科技部、中国农业大学、中国农业科学院等的国内知名专家对规划成果进行了评审，评审专家组认为，《山东省临沂市现代农业产业发展规划》体现国家加快现代农业产业体系建设的总体要求，规划资料翔实，发展思路清晰，建设目标明确，内容全面具体，具有较强的系统性、前瞻性、科学性和可操作性，实施后将对提升临沂市现代农业产业化水平，引领和推动黄淮海地区同类型区域现代农业发展起到很好的示范作用。

知识产权：形成了 4 个规划文本：《山东省临沂市现代农业产业发展规划（2013—2020）》、《沂河高效生态特色农业长廊建设规划（2013—2020）》、《临沂市农产品商贸物流体系规划（2013—2020）》和《临沂市农产品加工业发展规划（2013—2020）》。

推广应用：2015 年 3 月临沂市人民政府正式印发该规划组织实施。

第三章　颁布技术标准

一、茄果类蔬菜采后商品化处理技术规程

发布单位：山东省市场监督管理局
标准编号：DB 37/T 3574—2019
本标准起草单位：临沂市农业科学院　青岛农业大学
本标准主要起草人：张永涛　周绪元　王成荣　焦圣群　刘林
标准正文：

1　范围

本标准规定了番茄、辣椒、茄子等茄果类蔬菜产品的基本要求及采收、产地处理、预冷、包装与标识、运输等技术要求。

本标准适用于山东省番茄、辣椒、茄子等茄果类蔬菜采后商品化处理。

2　规范性引用文件

下列文件对于本文件的应用是必不可少的。凡是注日期的引用文件，仅所注日期的版本适用于本文件。凡是不注日期的引用文件，其最新版本（包括所有的修改单）适用于本文件。

GB/T 5737　食品塑料周转箱
GB/T 6543　运输包装用单瓦楞纸箱和双瓦楞纸箱
NY/T 940　番茄等级规格

NY/T 944 辣椒等级规格
NY/T 1655 蔬菜包装标识通用准则
NY/T 1894 茄子等级规格
SB/T 10158 新鲜蔬菜包装与标识

3 术语和定义

下列术语和定义适用于本文件。

3.1 压差预冷 Differential pressure precooling

利用空气压力梯度，在蔬菜周转箱的内外两侧产生压力差，使冷风从周转箱内部穿过，以对流换热的形式带走箱内蔬菜热量的预冷方式。

3.2 冷链物流 Cold chain logistics

以制冷技术为手段，实现蔬菜从采收、流通、销售到消费的各个环节始终处于规定的温度、湿度范围内，以保证质量、减少损耗的措施。

3.3 食用农产品合格证 Edible agricultural product certificate

食用农产品生产经营者对所生产经营食用农产品自行开具的质量安全合格标识。内容包括：产品名称和重量；生产经营者信息(名称、地址、联系方式)；确保合格的方式；食用农产品生产经营者盖章或签名。

4 产品基本要求

4.1 外观要求

果形完整、外观新鲜、清洁、有光泽、无萎蔫；无冷害、无冻害、无病斑、无腐烂或变质；无虫害及机械损伤。

4.2 质量安全要求

产品质量安全要求应符合“三品一标”规定的相应标准要求。

4.3 等级与规格

番茄按照 NY/T 940 执行。

辣椒按照 NY/T 944 执行。

茄子按照 NY/T 1894 执行。

5 采收

5.1 采收时间

应在商品成熟期采摘。早晨为宜，无雨水、无露水时采收。

5.2 采收方法

选用适宜工具，从果实果柄基部剪下。应轻拿轻放，防止机械损伤，保持表面清洁。

6 产地处理

6.1 周转箱准备

采收时宜将周转箱备放在田间，塑料周转箱材料应符合 GB/T 5737 的规定，纸箱材料应符合 GB/T 6543 的规定，泡沫箱材料等应符合 SB/T 10158 的规定。

6.2 初步分级

采收后应进行初步分级，将同一等级的产品放置在同一周转箱内。气候干燥季节应采取保湿措施，防止失水。等级和规格具体指标要求见附录 A 和附录 B。

6.3 标识

应在周转箱上标注产品名称、生产者名称、地址、联系方式等。

6.4 产地存放

产地存放时间不宜超过 4h。

7 预冷与贮藏

7.1 预冷

7.1.1 要求

远距离运输和短期贮藏的应进行预冷，可采用冷库预冷或压差预冷。

7.1.2 冷库预冷

7.1.2.1 指标

冷库预冷温度 9~11℃，相对湿度 90%以上。

7.1.2.2 方法

应将周转箱放置托盘上，并沿着冷库的冷风流向码放成排，箱与箱之间应留出 5cm 缝隙，两排间隔 20cm，周转箱与墙壁之间应留出 30cm 的风道。

7.1.2.3 要求

周转箱的堆码高度低于冷风出口 50cm 以上，预冷应使番茄的温度达到 12℃，辣椒、茄子的温度达到 10℃。

7.1.3 压差预冷

7.1.3.1 指标

预冷温度 9~10℃，相对湿度 85%以上。

7.1.3.2 方法

应根据压差预冷设备的处理量大小（能力）确定每次的预冷量，预冷前应将周转箱整齐码放在压差预冷设备的通风道两侧，应根据番茄（辣椒、茄子）数量各码一排或两排。

7.1.3.3 要求

周转箱要对齐、码平，堆码高度应低于覆盖物；预冷时应打开压差预冷风机，番茄的温度达到 12℃，辣椒、茄子的温度达到 10℃。

7.2 贮藏

番茄贮藏温度 12℃，茄子和辣椒 10℃，湿度 85%~95%。

8 包装与标识

8.1 包装

应符合 NY/T 1655 的规定。根据产品等级分级（等级和规格具体指标要求见附录 A 和附录 B）包装，可采用托盘加透明薄膜或塑料袋包装，宜采用专用保鲜材料进行包装；外包装宜使用瓦楞纸箱或聚苯乙烯泡沫箱进行包装，产品整齐排放。

8.2 标识

每个独立包装应标注品名、产地、生产者、生产日期等可追溯信息，应出具食用农产品合格证，宜采用条形码或二维码标识。

9 运输

9.1 冷藏车运输

运输番茄冷藏车温度 12℃、茄子和辣椒 10℃，湿度 85%~95%，运输时间不超过 36h。

9.2 普通车运输

要注意防晒、保湿和通风，夏天应注意降温，冬天应注意防冻。

9.3 装货与卸货

应轻拿、轻放，防止机械损伤。

附录A　茄果类蔬菜等级划分标准
(资料性附录)

表A　茄果类蔬菜等级划分标准

蔬菜种类	等级	特级	一级	二级
番茄	指标	①外观一致，果形圆润无筋棱（巨棱品种除外）。 ②成熟适度、一致；色泽均匀，表皮光洁，果腔充实，果实坚实，富有弹性。 ③无损伤、无裂口、无疤痕。 ④98%以上产品符合该等级的要求。	①外观基本一致，果形基本圆润，稍有变形。 ②已成熟或稍欠熟，成熟度基本一致，色泽较均匀；表皮有轻微的缺陷，果腔充实，果实坚实，富有弹性。 ③无损伤、无裂口、无疤痕。 ④95%以上产品符合该等级的要求。	①外观基本一致，果形基本圆润，稍有变形。 ②稍欠成熟或稍过熟，色泽较均匀；果腔基本充实，果实较坚实，弹性稍差。 ③有轻微损伤，无裂口，果皮有轻微的疤痕，但果实商品性未受影响。 ④95%以上产品符合该等级的要求。
辣椒	指标	①外观一致，果梗、萼片和果实呈该品种固有的颜色，色泽一致。 ②质地脆嫩；果柄切口水平、整齐（仅适用于灯笼形）。 ③无冷害、冻害、灼伤及机械损伤，无腐烂。 ④98%以上产品符合该等级的要求。	①外观基本一致，果梗、萼片和果实呈该品种固有的颜色，色泽基本一致。 ②基本无软绵感；果柄切口水平、整齐（仅适用于灯笼形）。 ③无明显冷害、冻害、灼伤及机械损伤。 ④95%以上产品符合该等级的要求。	①外观基本一致，果梗、萼片和果实呈该品种固有的色泽，允许稍有异色。 ②果柄劈裂的果实数不应超过2%。 ③果实表面允许有轻微的干裂缝及稍有冷害、冻害、灼伤及机械损伤。 ④90%以上产品符合该等级的要求。

（续表）

蔬菜种类	等级	特级	一级	二级
茄子	指标	①外观一致，整齐度高，果柄、花萼和果实呈该品种固有的颜色，色泽鲜亮，不萎蔫。 ②种子未完全形成。 ③无冷害、冻害、灼伤及机械损伤。 ④98%以上产品符合该等级的要求。	①外观基本一致，整齐度高，果柄、花萼和果实呈该品种固有的颜色，色泽较鲜亮，不萎蔫。 ②种子已形成，但不坚硬。 ③无明显的冷害、冻害、灼伤及机械损伤。 ④95%以上产品符合该等级的要求。	①外观相似，果柄、花萼和果实呈该品种固有的颜色，允许稍有异色，不萎蔫。 ②种子已形成，但不坚硬。 ③果实表面允许稍有冷害、冻害、灼伤及机械损伤。 ④90%以上产品符合该等级的要求。

附录 B　茄果类蔬菜规格划分
（资料性附录）

表 B.1　番茄规格划分　　单位：cm

	大（L）	中（M）	小（S）	樱桃番茄
直径	>7	5~7	<5	2~3

表 B.2　辣椒规格划分　　单位：cm

形状	规格		
	大（L）	中（M）	小（S）
羊角形、牛角形、圆锥形长度	> 15	10~15	< 10
灯笼形横径	> 7	5~7	< 5

表 B.3　茄子规格划分　　单位：cm

	大（L）	中（M）	小（S）
长茄（果长）	> 30	20~30	< 20

（续表）

	大（L）	中（M）	小（S）
圆茄（横径）	> 15	11～15	< 11
卵圆茄（果长）	> 18	13～18	< 13

注1：长度指果柄到果尖之间的距离，横径指垂直于纵轴方向测得的茄子的最大距离。

注2：在测量圆茄的横径时，不能通过15cm孔径为大（L），可以通过15cm孔径但不能通过11cm孔径的为中（M），可以通过11cm孔径的为小（S）。

二、不老莓优质高效栽培技术规程

发布单位：临沂市市场监督管理局　临沂市农业局

标准编号：DB 3713/T 141—2018

本标准起草单位：临沂市农业科学院　临沂市河东区藤生缘旅游专业合作社

本标准主要起草人：王鹏　卞建波　李际会　郭艳萍　唐洪杰　刘学　张永强

标准正文：

1　范围

本标准明确了不老莓栽培技术的术语与定义，以优质高效为目标，确定了标准生产园的建园、栽后管理、苗木运输与贮藏、果实采收与贮藏。

本标准适用于临沂市境内不老莓的优质高效栽培。

2　规范性引用文件

下列文件对于本文件的应用是必不可少的。凡是注日期的引用文件，仅注日期的版本适用于本文件。凡是不注日期的引用文件，其最新版本（包括所有的修改单）适用于本文件。

GB/T 23473—2009 《林业植物及其产品调运检疫规程》

NY/T 1276—2007 农药安全使用规范总则

GB/T 8321 农药合理使用有关规定

3 术语和定义

下列术语和定义适用于本标准。

3.1 不老莓

不老莓，学名黑果腺肋花楸，蔷薇科，腺肋花楸属，落叶灌木。

3.2 幼树

树龄在5年以下的黑果腺肋花楸树。

3.3 成龄树

树龄在5年以上的黑果腺肋花楸树。

3.4 骨干枝

着生于主干上，构成树体骨架的枝条。

3.5 修剪

用以调节树体营养生长和生殖生长，强健树势，促进树体优质高产的疏枝、短截技术措施。

3.6 萌蘖

树干基部和根状茎上的芽体萌发后形成的新生枝条。

4 建园

4.1 选地

酸性或微碱性的沙壤土或壤土，pH 值 5.0~8.0，苗期需有灌溉排水条件，土层厚度不小于40cm。

4.2　栽植密度

株行距：1.0m×2.0m。

4.3　品种选择

“富康源一号”。

4.4　开沟、挖穴

一、二年生苗木定植沟宽 30cm、深 30cm，定植穴的长 30cm、宽 30cm、深 30cm；二年生以上苗木定植沟宽 40cm、深 40cm，定植穴为长 40cm、宽 40cm、深 40cm。

4.5　基肥

定植穴中放入 0.01m^3 优质腐熟的有机肥、腐熟稻壳、秸秆、生物炭，避免施用鸡粪、化肥。

4.6　苗木定植

根系修剪至 20cm，苗木垂直立于定植穴中央，保持根系舒展，填土、踩实、浇透水、再覆土 2cm。

5　苗木运输与贮藏

5.1　检疫

依照 GB/T 23473—2009 执行。

5.2　运输

运输过程中内包装采用塑料薄膜，外包装采用编织袋、硬纸箱，运输过程中根系蘸浆。

5.3　窖藏

窖温 2℃以下，苗木斜放、根系着地，根系及近根系 20cm 主干培湿沙。

5.4　沟藏

选择排水良好的地点，挖宽 1.0～1.5m，深 1.3～1.5m 地沟，苗木斜放、根系着地，根系及苗木 50cm 以下培埋湿沙、填实；严冬时地面加保温材料，将地沟盖严。

5.5 自然贮藏

沟深 40～60cm，将苗木根系朝下，茎干向南倾斜摆放，用湿沙或湿土培埋苗根及苗干，培土到苗干 80～100cm 处，培土厚度 20～30cm，培严。

6 栽后管理

6.1 定植后管理

6.1.1 疏花

定植后第一年，摘除花蕾，现蕾即摘。

6.1.2 除草

定植后立即覆盖黑色园艺防草布，不使用除草剂。

6.1.3 缓苗

定植后灌施 0.3%液态复合肥 1～2 次。

6.2 结果苗管理

6.2.1 施肥

春季施肥，采用对称两点施肥方法，隔年轮换施肥点。1～2 年生园施氮磷钾三元复合肥，用量每年为 1.5kg/667m^2；3～4 年生园施氮磷钾三元复合肥，用量每年为 3.0kg/667m^2；5 年生以上园施氮、磷、钾肥配合使用，配比为 1：1：0.5，用量每年为氮 2.5kg/667m^2，磷 2.5kg/667m^2，钾 1.25kg/667m^2；配合施用有机肥、生物炭。

6.2.2 春剪

树液流动前进行，保留健壮主枝 15～20 条，以新代老、除内留外。

6.2.3 除草

幼树每年中耕除草 1 次，成龄树每 3 年全垦 1 次。

6.2.4　病虫害防治

依照GB/T 8321农药合理使用有关规定及NY/T 1276—2007农药安全使用规范总则的要求操作。

7　果实采收、贮藏

7.1　采摘期

9月15—30日。

7.2　采摘方式

长期贮存用带果柄采收方式；短期贮存用不带果柄采收方式。

7.3　冷藏库贮藏

贮藏温度为-20℃。

三、不老莓组培育苗技术规程

发布单位：临沂市市场监督管理局　临沂市农业局

标准编号：DB 3713/T 142—2018

本标准起草单位：临沂市农业科学院　临沂市河东区藤生缘旅游专业合作社

本标准主要起草人：唐洪杰　卞建波　郭艳萍　李际会　王鹏　王传祥　刘学

标准正文：

1　范围

本标准规定了不老莓组培育苗的术语和定义、外植体的准备、接种、组织培养、试管苗移植及定植。

本标准适用于不老莓组培快繁育苗。

2 规范性引用文件

下列文件对于本文件的应用是必不可少的。凡是注日期的引用文件，仅注日期的版本适用于本文件。凡是不注日期的引用文件，其最新版本（包括所有的修改单）适用于本文件。

GB/T 8321 农药合理使用准则

NY/T 1276—2007 农药安全使用规范总则

3 术语和定义

下列术语和定义适用于本文件。

3.1 不老莓

学名黑果腺肋花楸，蔷薇科，腺肋花楸属，落叶灌木。

3.2 外植体

用于组织培养的器官、组织、细胞或原生质体。

3.3 组培苗

利用侧芽作为外植体，采用组织培养技术生产的苗木。

3.4 试管苗

侧芽在试管中无菌条件下培育长成的根、茎、叶具全的完整植株。

3.5 组培穴盘苗

移栽在穴盘中培育的不老莓组培生根苗。

4 外植体准备

4.1 外植体的采集

每年的4—5月，选择连续3d以上的晴天，剪取无病虫害、无病毒侵染、生长健壮的当年生枝条，标明采集时间、地点。

4.2 外植体的消毒

将采取的外植体嫩枝，用洗涤剂水刷洗，经自来水冲洗干净后，在超净工作台上将外植体切成 3~5cm 长带有腋芽的茎段，先放入 75%的乙醇溶液中浸泡 10s 后，用无菌水洗净，再放入 0.1% $HgCl_2$或 2%次氯酸钠溶液中消毒 10~20min 后，用无菌水冲洗 3~5 次，用灭菌的解剖刀、镊子将嫩枝放置培养皿中，切成 0.8~1.0cm 的单芽备用。

5 接种

5.1 接种准备

接种时，超净工作台上的风机要始终保持开启状态，确保通风顺畅。准备 2 套器械，轮换使用。

5.2 接种操作

每个培养皿中接种小芽丛或单芽的数量为 3~4 株，分布均匀。每转接完一批苗，将器械在酒精灯外焰上灼烧 10s 以上，应适当冷却，避免烫伤培养材料。接种完成后，用记号笔在培养皿上标注接种日期、编号或名称。

6 组织培养

6.1 母液配制方法

组织培养的基础培养基为 MS 培养基，MS 培养基母液的配制参照附录 A；常用植物生长调节物质 6-BA、NAA 的母液配制应符合附录 B 的规定。

6.2 初代培养

6.2.1 培养基

MS+6-BA 0.8~1.0mg/L+NAA 0.1~0.2mg/L+琼脂粉 5g/L+蔗糖 30g/L。

6.2.2　培养条件

温度 23～25℃、光照强度 2 000～3 000lx、光照周期 12h/d。

6.2.3　培养要求

污染率不高于 50%、初代培养诱导率不低于 50%。

6.3　增殖培养

6.3.1　培养基

MS+6-BA 0.8～1.0mg/L+NAA 0.1～0.2mg/L+琼脂粉 5g/L+蔗糖 30g/L。

6.3.2　接种方法

选取未污染的初代培养萌发试管苗，切取其顶芽或茎段，转接于增殖培养基中，每瓶均匀接种 4～5 株。

6.3.3　培养条件

温度 23～25℃、光照强度 2 000～3 000lx、光照周期 12h/d。

6.3.4　培养要求

培养周期为 30～40d，增殖系数要求不低于 8，污染率要求不高于 5%。

6.4　壮苗培养

6.4.1　培养基

MS+琼脂粉 5g/L+蔗糖 30g/L。

6.4.2　培养条件

温度 23～25℃、光照强度 2 000～3 000lx、光照周期 12h/d。

6.4.3　培养要求

培养周期为 20～30d。株高不低于 3cm；茎粗不低于 0.8mm；单株叶不少于 4 片。

6.5　生根培养

6.5.1　培养基

1/2MS+ABT 6.0mg/L+琼脂粉 5g/L+蔗糖 30g/L。

6.5.2　接种方法

切取壮苗后的试管芽，将单个壮芽接种于生根培养基中，每瓶均匀接种 3~5 株。

6.5.3　培养条件

温度 23~25℃、光照强度 2 000~3 000lx、光照周期 12h/d。

6.5.4　培养要求

生根周期为 2~3 周。污染率要求不高于 5%，生根率要求不低于 95%。要求试管苗叶片绿色，株高不低于 3.0cm；根茎粗不低于 1.0cm，节间 2~3 个；单株叶不少于 4 片；根白柔软，根数不低于 6 条，平均根长 1.5~2.0cm。

7　试管苗移植

7.1　基质

基质要求有一定的肥力，疏松透气。pH 值达到 4.5~5.5。

7.2　炼苗

移植前，将培养瓶放置温室自然散射光下，封口炼苗 3~7d。然后再开口练苗 3~7d，温度控制在 25~28℃。

7.3　移植

打开培养瓶盖，将已经锻炼的小苗轻轻拉出，栽植于苗床基质中。温度保持在 20~30℃。

7.4　移植后的管理

7.4.1　水分

移植时淋足水分，以后每 2~3d 淋水一次。定植后 2~3 周内，相对湿度控制在 80%~90%，当第一片新叶完全张开后，降低湿度至 70%左右，8~10 周后相对湿度保持在 60%左右。

7.4.2　光照

移栽 4 周内，光照强度控制在 2 000~5 000lx，4 周后逐渐增大光照强度至 5 000~10 000lx。

7.4.3　温度

最适宜生长温度为20~30℃。

7.4.4　施肥

移栽第4~8周，每周喷施液肥一次，N：P：K=20：10：20和N：P：K=14：0：14交替使用，浓度为1 500倍液。

7.4.5　病虫害防治

对苗期病虫害及时进行防治，进行病虫害防治，施用农药应符合NY/T 1276—2007和GB/T 8321的规定。

7.5　穴盘苗培育

试管苗移植培育3个月左右，选生长健壮、无腐烂的生根小苗，移栽到穴盘上继续培养。移植前7~10d，适当进行控水和强光照炼苗，使植株能适应外界自然条件。

8　定植

8.1　定植时期

一般于次年春季气温适宜时进行定植。

8.2　定植苗标准

苗高不低于10cm、根茎粗不低于0.5cm、单株叶不低于8片。

四、青贮玉米轻简化栽培技术规程

发布单位：临沂市质量技术监督局　临沂市农业局

标准编号：DB3713/T 100—2017

起草单位：临沂市农业科学院　临沂大学

主要起草人：庄克章　吴荣华　张春艳　吕慎金　周伟　柏建峰　李俊庆　侯慧敏　赵秀山　谭忠

标准正文：

1　范围

本标准规定了青贮玉米轻简化生产过程中的品种选择、种子处理、整地、施肥、田间管理、病虫草害防治、收获等生产技术要求。

本标准适用于临沂市青贮玉米的轻简化生产。

2　规范性引用文件

下列文件对于本文件的应用是必不可少的。凡是注日期的引用文件，仅注日期的版本适用于本文件。凡是不注日期的引用文件，其最新版本（包括所有的修改单）适用于本文件。

GB 4404.1—2008　粮食作物种子　第1部分：禾谷类

GB/T 8321　（所有部分）农药合理使用准则

GB/T 15671　农作物薄膜包衣种子技术条件

GB/T 17980.42　农药　田间药效试验准则（一）　除草剂防治玉米地杂草

NY/T 496　肥料合理使用准则　通则

3　术语和定义

下列术语和定义适用于本文件。

3.1　青贮玉米

经选育用于全株刈割青贮，饲喂牲畜的饲用型玉米品种，有别于生产籽粒或其他型玉米品种，分为粮饲兼用型青贮玉米和专用型青贮玉米。

3.2　轻简化栽培技术

指农机和农艺相融合，比传统栽培技术有显著的省工、省力、节本、增效的栽培技术，主要包括种子包衣、一次性施肥、机械播种、病虫害防治、机械化收获等栽培技术。

3.3 青贮玉米产量

栽培的青贮玉米在乳熟末期至蜡熟初期，将玉米的茎秆、玉米苞等全部地上部分齐地面刈割，以干物质计算产量。

4 品种选择

选择耐密植、高产稳产、抗逆性强、适应性好的粮饲兼用型品种或专用型青贮玉米品种，全株干物质产量1 000kg/亩以上。目前推荐品种见附录 A，青贮玉米要叶片宽大，茎叶夹角较小，适合密植栽种。在干物质中粗蛋白含量 7%～8.5%，粗纤维含量 20%～35%。

5 种子处理

5.1 种子

种子按 GB 4404.1—2008 的规定执行。

5.2 种子包衣

对种子用玉米专用种衣剂包衣，处理方法及条件按 GB/T 15671 的规定执行。

6 整地

前茬收获后及时耕翻灭茬，整地，达到耕深一致，地头整齐，地面平整，土壤细碎，覆盖严密，不露残茬杂草。

7 施肥

结合整地一次性施足肥料，667m^2施用优质有机肥 100～150kg，45%（15：15：15）复合肥 50kg、控释复合肥 46%（26：10：10）复合肥 20kg、硫酸锌 1.5kg。施肥方法按 NY/T 496 的规定执行。

8　田间管理

8.1　播种时期

当地温稳定在12℃后可以播种，采用地膜覆盖播种地温稳定在10℃为准。播种前要求土壤墒情适宜，确保足墒匀墒播种。

8.2　播种方法

选用气吸式玉米精量播种机，一次完成开种沟、播种、覆土、镇压等项工序。播深4~6cm，深浅一致，覆土严密。种植密度应与栽培条件及品种类型相适应。各品种推荐密度见附录A。

8.3　喷施除草剂

青贮玉米播种后及时喷施除草剂，或在玉米三叶期至五叶期喷施苗后除草剂，防治杂草常用药剂见附录B。

8.4　查苗、间苗及补苗

在玉米三叶期至四叶期查苗间苗、补苗，以确保密度。缺苗率低于20%时，缺苗四周留双株，缺苗率达到20%或者以上时及时补苗。

8.5　病虫草害防治

采用农业防治、生物防治、物理防治和化学防治技术防治病虫草害。应严格按照GB/T 8321的规定执行。青贮玉米主要病虫草害的防治对象、防治时期及推荐使用药剂见附录B。

9　收获

9.1　收获时期

适宜收获时期确定为乳熟末期至蜡熟初期，这时籽粒乳线距顶部在1/4到1/2之间，一般在抽雄后30~40d收获。

9.2　收获方式

使用悬挂式割台前置玉米秸秆收割粉碎回收一体青贮收获机进

行收获，全株收获，即将玉米的秆、玉米苞（籽粒）等地上部分整株切碎。

附录A　适宜种植的青贮玉米主要品种及推荐留苗密度
（资料性附录）

表A　适宜种植的青贮玉米主要品种及推荐留苗密度

推广品种	推荐留苗密度（株/亩）
登海605	5 000~6 000
雅玉8号	5 000~6 000
京科青贮516	5 000~6 000
诺达1号	5 000~6 000
豫青贮23	5 000~6 000
雅玉青贮26	5 000~6 000
奥玉青贮5102	5 000~6 000
屯玉青贮50	5 000~6 000

附录B　青贮玉米主要病虫草害的防治对象、防治适期及推荐使用药剂
（资料性附录）

表B　青贮玉米主要病虫草害的防治对象、防治适期及推荐使用药剂

防治对象	防治时期	农药名称	推荐使用剂量（/667m^2）
大小斑病	孕穗期	多菌灵 百菌清	50%多菌灵可湿性粉剂500倍喷雾 50%百菌清可湿性粉剂800倍喷雾

（续表）

防治对象	防治时期	农药名称	推荐使用剂量（/667m²）
弯孢菌叶斑病	抽雄期	多菌灵 甲基硫菌灵	50%多菌灵可湿性粉剂 500 倍喷雾 70%甲基硫菌灵（甲基托布津）可湿性粉剂 800 倍喷雾
瘤黑粉病	抽穗期	粉锈宁 西马津除莠剂	15%粉锈宁可湿性粉剂按种子量 0.5%拌种 西马津除秀剂 350g 加 50kg 喷雾
玉米锈病	孕穗期	代森锌铵 福美霜	50%代森锌铵水剂 800 倍喷雾 40%福美霜 500~800 倍喷雾
玉米青枯病	灌浆中期	代森锰锌 多菌灵 甲基托布津	65%代森锰锌 1 000 倍喷雾 50%多菌灵 500 倍液喷雾 70%甲基托布津 500 倍液喷雾
地下害虫	播种前拌种或包衣	辛硫磷 包衣剂	50%辛硫磷乳油按种子量的 0.1%加种子量的 5%加水拌种，种子包衣剂标准按 GB/T 15671 规定执行
玉米螟	喇叭口期	辛硫磷	1~1.5kg 颗粒剂灌心
蚜虫	抽雄期	吡虫啉 抗蚜威	10%吡虫啉可湿性粉剂 20g 对水 40kg 喷雾 5%抗蚜威可湿性粉剂 10g 对水 40kg 喷雾
黏虫、蓟马	苗期、穗期	辛硫磷 敌敌畏	50%辛硫磷 1 000 倍液或敌敌畏乳油 2 000倍液喷雾防治
二点委叶蛾	苗期	甲基异柳磷 敌敌畏乳油	40%甲基异柳磷 150~200ml 对细沙土 30~40kg 或 80%敌敌畏乳油 300~500ml 拌细土 25kg 顺垄撒施 或 40%甲基异柳磷 500~750 倍液喷玉米根茎
马唐、牛筋草、狗尾草、稗草、马齿苋、反枝苋、铁苋、藜等	玉米播后芽前除草	50%乙草胺乳油	150~200ml 对水 40kg 喷雾
		40%乙莠水悬浮剂	200~300ml 对水 40kg 喷雾
		41%异丙甲莠悬浮剂	150~200ml 对水 40kg 喷雾
		52%乙阿合剂	150~200ml 对水 40kg 喷雾

（续表）

防治对象	防治时期	农药名称	推荐使用剂量（/667m²）
马唐、牛筋草、狗尾草、稗草、马齿苋、反枝苋、铁苋、藜等	玉米苗期除草（玉米三叶期前后）	10%甲基硝磺草酮悬浮剂	150～200ml 对水 40kg 喷雾
		4%烟嘧磺隆悬浮剂	100～120ml 对水 40kg 喷雾

五、沂蒙黑山羊饲养管理技术规程

发布单位：临沂市质量技术监督局　临沂市农业局

标准编号：DB 3713/T 101—2017

本标准起草单位：临沂市农业科学院　临沂大学　临沂市罗庄区江泉黑山羊养殖场

本标准主要起草人：杨燕　吕慎金　李富宽　沈自泉　李馥霞　顾腾龙　尹作国　刘敬松

标准正文：

1　范围

本规程规定了沂蒙黑山羊种母羊、羔羊、育成羊、种公羊的饲养管理要求。

本规程适用于沂蒙黑山羊的规模饲养场使用，其他山羊品种饲养场可参考使用。

2　规范性引用文件

下列文件对于本文件的应用是必不可少的。凡是注日期的引用文件，仅注日期的版本适用于本文件。凡是不注日期的引用文件，其最新版本（包括所有的修改单）适用于本文件。

GB 18596　　畜禽养殖业污染物排放标准

NY/T 816　　肉羊饲养标准

NY/T 1167 畜禽场环境质量及卫生控制规范
NY/T2169 种羊场建设标准
NY 5027 无公害食品 畜禽饮用水水质
NY 5030 无公害农产品 兽药使用准则
NY 5032 无公害食品 畜禽饲料和饲料添加剂使用准则
NY 5149 无公害食品 肉羊饲养兽医防疫准则

3 术语和定义

下列术语和定义适用于本文件。

3.1 沂蒙黑山羊

山东省优良地方畜禽品种，属绒、毛、肉兼用型山羊。该品种主要特点是头短、额宽、眼大、角长而弯曲，95%以上的羊有角，少数无角，颌下有胡须，背腰平直，胸深肋圆，体躯粗壮，四肢健壮有力，耐粗抗病，合群性强，适宜山区放牧饲养；具有耐粗饲、适应性好、抗病力强、板皮优等特点，是我国优秀的地方种质资源。

3.2 羔羊

从出生到3月龄断奶阶段的羊只。

3.3 育成母羊

从3月龄断奶到第一次配种产羔的母羊。

3.4 种母羊

产一胎以上拟定留作种用的繁殖母羊，是羊群的主体。

3.5 后备公羊和种公羊

断奶后到第一次配种的公羊为后备公羊；经选择确定正式参加配种的公羊为种公羊。

4 基本要求

4.1 饲养环境

4.1.1 饲养环境应符合 NY/T 1167 的规定。

4.1.2 羊场建设应符合 NY/T 2169 的规定。

4.1.3 饮水水质应符合 NY 5027 的规定。

4.2 饲料管理

4.2.1 使用饲料及饲料添加剂应符合 NY 5032 的规定。

4.2.2 饲粮中营养需要应符合 NY/T 816 的规定。

4.2.3 使用兽药应符合 NY 5030 的规定要求。

4.3 卫生防疫

4.3.1 卫生防疫应符合 NY 5149 的规定。

4.3.2 污染物排放处理应符合 GB 18596 的规定。

4.3.3 防疫及接种程序应符合 NY 5149 的规定。

5 种母羊饲养管理

5.1 空怀

5.1.1 采用圈养和放牧结合的饲养方式，干物质日采食量应达到体重的 2%~3%。

5.1.2 应提前制定选配计划，每年配种时间一般在 8—11 月。

5.1.3 在配种前 30~45d 对瘦弱羊只进行短期优饲，重点补充优质粗饲料和精料。

5.1.4 及时发现发情母羊，初配母羊可采用试情公羊进行发情鉴定。

5.1.5 按月检查母羊配种、返情、妊娠及流产情况。

5.2 妊娠前期母羊

5.2.1 初配母羊营养水平应高于经产母羊。

5.2.2　按月检查母羊健康状况，应防止母羊吃霜草、霉烂饲料、饮冰渣水，避免受惊猛跑。

5.3　妊娠后期母羊

5.3.1　在妊娠 108d 后，怀单羔母羊可在维持饲养基础上增加 12%，怀双羔母羊则增加 25%。精料比例在产前 42～21d 增至 18%～30%。产前 7d，适量减少精料用量。

5.3.2　放牧时间每天 4～5h，路程不超过 6km。临产前 7～8d 不到远处放牧。

5.3.3　要稳走慢赶，防止拥挤、滑倒、抵撞。

5.4　哺乳期母羊

5.4.1　产后 3d 内，应减少精料喂量，供给优质饲草、充足饮水，防止饮冷、冰水，保证羊舍干燥清洁。

5.4.2　产后 3d 以后逐步增加精料和粗饲料，产双羔或多羔母羊日精料喂量应高于单羔母羊 20%～30%。饲粮营养水平应高于饲养标准的 10%～15%。

5.4.3　产后 30d 以后，逐渐取消对母羊的补饲，转为完全放牧。

6　羔羊饲养管理

6.1　出生后辅助羔羊及时吃到初乳，并进行称重和编号。

6.2　观察羔羊哺乳行为，必要时采取人工哺乳措施。

6.3　搞好圈舍卫生，慎防“三炎一痢”。

6.4　生后 4～10d 有舔食表现时，应开始喂给优质饲草，任其自由采食。

6.5　生后 15d 左右采用隔栏补饲，喂给精料补充料。

6.6　60 日龄至断奶，以采食为主。

6.7　90 日龄时断奶，母子分圈饲养，及时驱虫、防疫。

7　育成羊饲养管理

7.1　羊只断奶后在原圈舍中饲养，4 月龄时，按公母分群饲养，加强运动。

7.2　应按月龄在早晨未饲喂或出牧前抽测体重。

7.3　8~10月龄观察发情表现，并适时配种。

7.4　不留作种用羊只及时转育肥群。

8　种公羊饲养管理

8.1　非配种期

8.1.1　应单独圈养、放牧和补饲。每天放牧不少于6h。

8.1.2　配种前30d开始，逐步调整到配种期饲养标准。

8.2　配种期

8.2.1　白天公羊单独饲养，放牧至少在4h以上，早晚与母羊撒群。

8.2.2　每天可增加喂给鸡蛋1~2个。

8.2.3　配种结束后，应增加放牧时间，逐渐减少精料供给，过渡到非配种期饲养水平。

9　一般生产管理技术

9.1　饮水

水槽必须保持清洁卫生，冬季要现放现饮，供给温水，其他季节可自由饮水。

9.2　梳绒

9.2.1　梳绒时间，一般应在谷雨前后。

9.2.2　梳绒前12h羊只停止放牧和饮水。

9.2.3　梳绒和剪毛同时进行时，梳绒和剪毛地点要分开，先梳绒，后剪毛。

9.3　修蹄

应根据具体情况对不良蹄形及时修整，修蹄应选择蹄部角质较软时进行。

9.4 驱虫

9.4.1 应在每年的2—3月和8—9月各驱虫一次。

9.4.2 针对羊只寄生虫的种类和特点选择广谱、低毒、长效的驱虫药物。

9.5 药浴

9.5.1 应在每年剪毛后进行两次药浴，每次间隔10d左右。

9.5.2 要选择天气晴朗无风时进行药浴，每群羊只配置一次药液。

9.5.3 药浴前要让羊只充分饮水，有外伤羊只待外伤痊愈后再进行药浴。

9.6 隔离

9.6.1 对引进羊只，应隔离观察30d后，放入羊群。

9.6.2 对发病羊只，应及时隔离治疗，待痊愈后观察10~20d后，放入羊群。

10 生产记录管理

10.1 健全分类记录

10.1.1 饲料记录，包括草料来源、饲料加工、保管发放，以及各种添加剂使用情况等。

10.1.2 繁殖记录，包括配种、产羔、断奶、转群、体重等，以及每年的选配计划。

10.1.3 种羊系谱档案，包括羊只来源、个体生长发育、系谱信息等。

10.1.4 疫病防治记录，包括诊断、治疗、预后等。

10.1.5 出场销售记录，包括调出时间、原因、去向等。

10.2 分析保存记录

10.2.1 所有记录都应准确、可靠、完整，种羊场至少保留10年以上。

应定期整理分析各种记录，查找问题，及时采取改善措施。

六、临沂鲜食型特色甘薯无公害生产技术规程

发布单位：临沂市市场监督管理局

标准标号：DB3713/T 103—2017

本标准起草单位：临沂市农业科学院　临沂市农业技术推广站

本标准主要起草人：徐玉恒　冯尚宗　姚夕敏　赵理　唐洪杰　赵桂涛　马宗国　王世伟　沈庆彬　徐春花　全莹

标准正文：

1　范围

本标准规定了鲜食型特色甘薯无公害生产的产地环境、品种选择、育苗技术、大田栽插技术、田间管理技术、有害生物防治技术以及收获储藏要求。

本标准适用于临沂市鲜食型特色甘薯无公害生产。

2　规范性引用文件

下列文件对于本文件的应用是必不可少的。凡是注日期的引用文件，仅注日期的版本适用于本文件。凡是不注日期的引用文件，其最新版本（包括所有的修改单）适用于本文件。

GB 4406—1984　种薯

GB 15618—1995　土壤环境质量标准

GB 5084—2005　农田灌溉水质标准

GB 3095—2012　环境空气质量标准

GB 4285　农药安全使用标准

GB/T 8321　农药合理使用准则（所有部分）

NY/T 1105—2006　肥料合理使用准则　氮肥

DB37/T 2157—2012 鲜食甘薯生产技术规程

DB37/T 2548.5—2014 农产品贮藏技术规程 第5部分：鲜食型甘薯

NY/T 5010—2016 无公害农产品 种植业产地环境条件

3 术语和定义

下列术语和定义适用于本文件。

3.1 特色甘薯

指具有各自独特的基因，表现出不同的特征类型、营养成分和食用风味的甘薯。

3.2 鲜食型甘薯

通过烤、煮或蒸熟后食用的甘薯。

3.3 无公害甘薯

鲜薯具有本品种的特征，块茎表面光滑，清洁不带杂，不干皱，无明显缺陷（病虫害、畸形、冻害、裂痕、黑心、空腔、腐烂、机械伤），薯形较好，口感好。

4 产地环境

符合 NY/T 5010—2016 要求。选择远离无污染源、地势高、排灌方便的集中连片地块，前2~3年轮作。土壤要求：土层深厚、疏松肥沃、pH值为6.0~7.2的沙壤土或壤土。

5 品种选择

选择薯肉为黄色、桔红色或紫色；薯皮光滑、薯形美观；结薯早、食味好、鲜薯产量高的品种，如济薯26、烟薯25、龙薯9号等。

6 育苗技术

6.1 育苗时间

3 月 10—20 日开始育苗。

6.2 营养土配制

每立方米土施用磷肥 2.5kg，尿素 1.5kg，磷酸二氢钾 1kg，多元微肥 100g。

6.3 苗床建立

选在避风向阳、排水及管理方便的地块，按双膜覆盖标准建造拱棚，建苗床并筑畦。苗床上铺配置好的营养土，厚度 17~20cm。

6.4 种薯精选

种薯质量符合 GB 4406 要求，符合本品种外观特征，生命力旺盛、无伤病的健康种薯。薯块大小均匀，重 150~250g。

6.5 种薯处理

排种前在阳光下晒 1~2d，或用 52~56℃温水浸泡 10~12min，或用 2.5%咯菌腈悬浮种衣剂 200 倍液浸种 6~10min。

6.6 排种方法和密度

排种时采用斜排法，大薯靠内，小薯靠外，薯间留空隙 2~3cm，薯块用量 15kg/m^{2}左右，排种后上部先覆盖细沙土 3~5cm 厚，浇足水，再盖上 1 层湿润细土。

6.7 苗床管理

6.7.1 温度控制

排种后 5~7d，床温保持在 32~36℃；幼芽至齐苗期，床温保持在 25~28℃；齐苗后，床温控制在 20~25℃。苗高 15cm 左右后，在晴天中午前后 5~6h 掀开内膜通气降温，以防烧苗。栽前 5~7d，以自然温度为宜。

6.7.2　浇水

出芽前一般不需浇水，幼芽顶瓦期要浇 1 次透水，出苗后 10d 喷 1 次水，每次采苗待 6~8h 伤口愈合后浇水 1 次。

6.7.3　追肥

采苗 1~2 次后，随浇水酌情冲施液体肥，培育壮苗。

6.7.4　防病虫

大棚两侧放风口加盖防虫纱网，可阻断蚜虫、飞虱等传毒介体，减轻病毒病的发生；如发现病毒病薯苗，应立即拔除，同时喷施消菌灵、病毒宁药剂 2~3 次，每次间隔 7d。

6.8　精选壮苗

壮苗应选择苗龄 30~35d，叶大肥厚，色泽浓绿，苗长 20~25cm，节间短粗，无病虫害，健壮结实，每百株苗重 0.5~1kg。

7　田间栽培技术

7.1　深耕扶垄

春地在冬前深翻一次，冻垡熟化土壤。栽前用旋耕机犁地，以疏松土壤，机械起深沟大垄，垄高 30~32cm、间距 85~90cm。

7.2　平衡用肥

氮、磷、钾的比例以 1 : 1 : 2.2 为宜，一般需施土杂肥 3 300~4 000kg/亩，氮肥（N）5kg/亩，磷肥（P_2O_5）5kg/亩，钾肥（K_2O）12kg/亩。使用方法：土杂肥铺底子，化肥作包心肥。

7.3　壮苗早栽

地表下 10cm 地温稳定达 15℃以上时，春薯即可进行田间栽插。如采用覆膜栽培，可提前 10~15d。

7.4　精选顶段苗，合理密植

精选顶段苗，采用斜插法，浅栽 5cm 深，入土 1~2 节，地面留 3~4 片叶；浇好压根水，确保成活。春薯一般栽 3 000~4 000

株/亩，夏薯栽 3 500~4 600/亩为宜；一般高产肥地宜稀，中低产田宜密。

7.5 查苗补苗

栽插 3~5d 后查苗，去除病虫危害苗，补栽壮苗。

7.6 中耕、除草、培土

缓苗后至封垄期，中耕除草 2~3 次，结合中耕进行培土，并提蔓活棵。也可用化学除草剂采取“一封、一杀”的方法根除杂草，即在甘薯栽插前结合整田施入封闭除草剂 96% 金都尔 120ml/亩，生长中后期喷施 10%精喹禾灵 50ml/亩。

7.7 防止涝害

挖好三沟（垄沟、腰沟、地头沟），雨后及时排除积水。

7.8 控制旺长

用 15%多效唑 50~70g 或缩节胺 10g 对水 75kg 喷洒叶部控上促下，一般 7 月下旬雨季来临后第一次喷施，隔 10~15d 喷一次，连喷 2~3 次。对于长蔓品种，当主蔓长到 40cm 左右时进行掐头，可控蔓长促分枝。

7.9 病虫害防治

7.9.1 防治原则

坚持“预防为主，综合防治”的植保方针，优先采用“农业防治、物理防治和生物防治”措施，配套使用化学防治措施。

7.9.2 防治方法

7.9.2.1 农业措施

选用抗病品种，培育适龄壮苗；实行 2~3 年轮作；采用深沟高垄栽培；收获后将病残体、病薯块和杂草等及时清理，并进行无害化处理。

7.9.2.2 物理防治

采用黄板诱杀蚜虫、粉虱等；利用成虫具有趋光趋味的特性，用糖醋液或频振式灭虫灯或性诱剂诱杀金龟甲、甘薯麦蛾等成虫。

7.9.2.3 生物防治

用0.9%阿维菌素2 000倍液或1.3%苦参碱1 000倍液防治甘薯卷叶虫。

7.9.2.4 化学防治

严格按照GB 4285和GB/T8321的规定执行；严禁使用禁用农药，严格控制农药浓度及安全间隔期，注意交替用药，合理混用。

7.9.2.4.1 黑斑病、根腐病、蔓割病

栽插前用25%嘧菌酯悬浮剂1 000~1 500倍液浸茎基部6~10cm，10min后扦插；发病初期可用25%戊唑醇水乳剂800~1 000倍液喷雾防治，安全间隔期为10d，共喷2~3次。

7.9.2.4.2 甘薯天蛾、麦蛾、小象甲

用50%毒死蜱乳油1 000~1 200倍液、50%辛硫磷乳剂1 000倍液喷雾防治。

7.9.2.4.3 地下害虫、线虫

栽插时窝内每亩撒施40%毒死蜱颗粒剂10~20kg。

7.10 后期补充养分，防止早衰

生长后期可通过叶面追肥方式补充所需养分。方法是用叶面肥或0.3%磷酸二氢钾水溶液75kg/亩喷洒茎叶，隔7d再喷1次，连喷3次。

8 适时收获

盖膜鲜食型春薯可在8月中下旬起陆续收获，其他可在10月中旬至“立冬”前收获。应选择天气晴朗、湿度较大时收获；有条件的用机械收获。

9 包装、运输和贮存

9.1 包装

每批甘薯的包装规格、单位净含量应一致。包装上的标志和标

签应标明产品名称、生产者、产地、净含量和采收日期等。

9.2 运输

运输时要轻装、轻卸，严防机械损伤。运输工具要清洁卫生、无污染、无杂物。

9.3 贮存

挑选无病、无损的薯块进行储存。按品种、规格分别堆码，留出散热间距，保持温度在8~14℃，以9~12℃为最好、相对湿度以80%~85%为宜。

七、小麦赤霉病综合防治技术规程

发布单位：临沂市质量技术监督局　临沂市农业局

标准编号：DB3713/T 104—2017

本标准起草单位：临沂市农业科学院

本标准主要起草人：赵秀山　侯慧敏　崔晓梅　庄克章　吕慎金　王永慧　孙奎玲　田磊　刘进谦　孙继芳　李艳华

标准正文：

1 范围

本标准规定了小麦赤霉病防治原则和农业防治、化学防治的综合防治技术。

本标准适用于临沂境内小麦赤霉病的综合防治。

2 规范性引用文件

下列文件对于本文件的应用是必不可少的。凡是注日期的引用文件，仅注日期的版本适用于本文件。凡是不注日期的引用文件，其最新版本（包括所有的修改单）适用于本文件。

GB 4404.1—2008　粮食作物种子　第1部分：禾谷类

GB/T 8321　　（所有部分）农药合理使用准则

3　术语和定义

3.1　小麦赤霉病

小麦赤霉病是镰孢属真菌病害，主要危害小麦穗部，小麦从苗期至抽穗后都可发生为害，可引起苗腐、基腐、秆腐和穗腐，以穗腐为害最重。穗部发病初期在小穗和颖壳上产生淡褐色水渍状病斑，逐渐扩大至整个小穗，发病小穗随即枯黄。湿度大时，颖壳合缝处产生粉红色霉层。一个穗上一般只有一个或几个小穗发病，严重的整穗发病。如果病斑扩展至穗轴，被害部以上枯死，形成枯白穗，发病后期，病穗上产生紫黑色小颗粒。

4　防治原则

坚持“预防为主，综合防治”的植保工作方针，以选用抗病品种为基础，适期进行科学的药剂防治措施，达到有效、安全、经济和生态的目的。

5　综合防治

5.1　农业防治

5.1.1　选用抗、耐病品种

按照 GB 4404.1—2008 的规定执行。根据小麦赤霉病发生情况，选用抗、耐病品种，同时避免大面积种植单一品种。

5.1.2　清洁田园

小麦、玉米、棉花等病残体上存有大量的赤霉病菌，在播种前，深耕灭茬，将病残体埋于土中或拾出集中处理。

5.1.3　健身栽培

适期播种，培育壮苗。适量增施磷、钾肥，提高植株的抗病能力。合理灌溉，遇涝及早排水，促进植株生长健壮。

5.2 化学防治

5.2.1 防治适期

小麦扬花期。

5.2.2 药剂防治

农药合理使用按照 GB/T 8321 的规定执行。小麦抽穗后扬花率达 10%时喷第一次药，隔 5~7d 再防治一次。一般每 666.7m^2 可选用 25%氰烯菌酯悬浮剂 100ml、70%甲基硫菌灵可湿性粉剂 80g、25%咪酰胺乳油 60ml 等，对水对小麦穗部均匀喷雾。

八、旱薄地花生丰产栽培技术规程

发布单位：临沂市质量技术监督局

标准编号：DB 3713/T 112—2017

本标准起草单位：临沂市农业科学院

本标准主要起草人：孙伟　赵孝东　方瑞元　王斌　凌再平　陈香艳　党彦学　卞建波

标准正文：

1 范围

本标准规定了旱薄地花生生产过程中的土壤状况、品种选择、种子处理、整地、施肥、播种、田间管理、收获等生产技术要求。

本标准适用于临沂市旱薄地亩产 200~250kg 的花生生产。

2 规范性引用文件

下列文件对于本文件的应用是必不可少的。凡是注日期的引用文件，仅注日期的版本适用于本文件。凡是不注日期的引用文件，其最新版本（包括所有的修改单）适用于本文件。

GB 4407.2　经济作物种子　第 2 部分：油料类

GB/T 8321　（所有部分）农药合理使用准则

GB 13735　聚乙烯吹塑农用地膜覆盖薄膜
GB/T 15671 农作物薄膜包衣种子技术条件
NY/T 496　肥料合理使用准则　通则

3　土壤状况

土层较浅，土壤肥力较低，保墒能力弱，灌溉条件较差的地块。

4　品种选择

选择通过省审、国审或登记的抗旱性强、耐瘠性好、抗病性高，综合性状好的中早熟品种。

5　种子处理

5.1　晒种选种

精选整齐一致的荚果，剥壳前3~5d选择晴天晒果，晒2~3d，选择饱满粒大的籽仁做种子。种子按GB 4407.2规定执行。

5.2　包衣种子

对种子用花生专用种衣剂包衣，处理方法及条件按GB/T 15671规定执行。

6　整地

达到耕深一致，地头整齐，地面平整，土壤细碎，覆盖严密，不露残茬杂草。

7　施肥

施肥施用按NY/T 496执行。结合整地一次性施足肥料，$667m^2$施用3 000~4 000kg的土杂肥，化肥施用量，N、P、K施肥配方为：氮肥（N）16~25kg，磷肥（P_2O_5）15~22kg，钾肥

(K_2O) 18~25kg。

全部有机肥和2/3化肥结合耕翻施入犁底，1/3结合春季浅耕或起垄作畦施入浅层，适当施用Fe、Zn、B、Mo等微量元素。

8 播种

8.1 播种时期

临沂市花生适宜的播期应是在5~10cm地温连续5d稳定在15℃以上时即可播种，一般覆膜花生在4月25日至5月10日。播种前要求土壤墒情适宜，确保足墒匀墒播种。

8.2 播种密度

大花生，垄距85~90cm，垄面宽50~55cm，垄高8~10cm，每垄两行，垄上小行距30~35cm，每667m^{2}播6 000~7 000穴，每穴两粒。

小花生，垄距85~90cm，垄面宽50~55cm，垄高8~10cm，每垄两行，垄上小行距30~35cm，每667m^{2}播7 000~8 000穴，每穴两粒。

8.3 覆膜

旱薄地花生覆膜栽培。地膜选择应符合GB 13735—1992要求。覆膜前喷施符合GB/T 8321要求的除草剂。

9 田间管理

9.1 破膜放苗

播后10d左右戳膜透气，齐苗后适时引苗出膜，用土围压，提温保墒，破膜放苗要在上午10时以前或下午4时以后进行。

9.2 查苗及补苗

在花生出苗后5~7d及时查苗、补苗，以确保密度。

9.3 病虫草害防治

采用农业防治、生物防治、物理防治和化学防治技术。应严格按照 GB/T 8321 的规定执行。

9.4　控徒长

当花生主茎高达 30~35cm 时，根据生长情况应及时喷施烯唑醇 700~800 倍液，连喷 1~2 次，间隔 7~10d。

9.5　叶面施肥

生育期后期，根据生长情况喷施叶面肥。2%尿素溶液、3%过磷酸钙浸提液或 0.2%磷酸二氢钾溶液，喷施 2 次，间隔 7~10d。

10　收获

茎秆转为黄绿色并枯软，多数荚果果壳硬化，网纹清晰，种仁饱满时，及时收获晾晒 5~7d，尽快将花生含水量降至 10%以下。

九、丘陵旱地花生高产栽培技术规程

发布单位：临沂市质量技术监督局

标准编号：DB 3713/T 113—2017

本标准起草单位：临沂市农业科学院

本标准主要起草人：孙伟　赵孝东　王斌　方瑞元　凌再平　陈香艳　党彦学　卞建波

标准正文：

1　范围

本标准规定了丘陵旱地花生高产栽培技术规程中的土壤状况、品种选择、种子处理、整地、施肥、播种、田间管理、收获等生产技术要求。

本标准适用于临沂市丘陵旱地亩产 350kg 以上的花生生产。

2　规范性引用文件

下列文件对于本文件的应用是必不可少的。凡是注日期的引用文件，仅注日期的版本适用于本文件。凡是不注日期的引用文件，其最新版本（包括所有的修改单）适用于本文件。

GB 4407.2　经济作物种子　第2部分：油料类

GB/T 8321　(所有部分)　农药合理使用准则

GB 13735　聚乙烯吹塑农用地膜覆盖薄膜

GB/T 15671　农作物薄膜包衣种子技术条件

NY/T 496　肥料合理使用准则　通则

3　土壤状况

海拔在100~400m，保肥保墒能力差，灌溉条件差的地块。

4　品种选择

选择通过省审、国审或登记的抗旱性强、耐瘠性好、抗病性高的品种。

5　种子处理

5.1　晒种

剥壳前2~3d选择晴天晒果，选择饱满粒大的籽仁做种子。种子按GB 4407.2规定执行。

5.2　包衣种子

对种子用花生专用种衣剂包衣，处理方法及条件按GB/T 15671规定执行。

6　整地

达到耕深一致，地头整齐，地面平整，土壤细碎，覆盖严密，不露残茬杂草。

7　施肥

施肥施用应符合NY/T 496—2010的要求。结合整地一次性施足肥料，667m^{2}施用3 000~4 000kg的土杂肥，化肥施用量，氮（N）10~12kg，磷（P_2O_5）8~10kg，钾（K_2O）6~8kg，钙（CaO）6~8kg。

全部有机肥和2/3化肥结合耕翻施入犁底，1/3结合春季浅耕或起垄作畦施入浅层，适当施用Fe、Zn、B、Mo等微量元素。

8 播种

8.1 播种时期

临沂市花生适宜的播期应是在5~10cm地温连续5d稳定在15℃以上时即可播种，一般覆膜花生在4月25日至5月10日。播种前要求土壤墒情适宜，确保足墒匀墒播种。

8.2 播种密度

大花生，垄距85~90cm，垄面宽50~55cm，垄高8~10cm，每垄两行，垄上小行距30~35cm，每667m^{2}播8 000~9 000穴，每穴两粒。

小花生，垄距85~90cm，垄面宽50~55cm，垄高8~10cm，每垄两行，垄上小行距30~35cm，每667m^{2}播9 000~10 000穴，每穴两粒。

8.3 覆膜

丘陵旱地花生覆膜栽培。地膜选择应符合GB 13735要求。覆膜前喷施符合GB/T 8321要求的除草剂。

9 田间管理

9.1 查苗及补苗

在花生出苗后5~10d及时查苗、补苗，以确保密度。

9.2 病虫草害防治

采用农业防治、生物防治、物理防治和化学防治技术防治病虫草害。应严格按照 GB/T 8321 的规定执行。

9.3 叶面施肥

生长后期，根据生长情况喷施叶面肥。每 $667m^2$ 叶面喷施 2% 尿素水溶液或 0.2%～0.3% 磷酸二氢钾溶液 40kg，喷施 2～3 次，间隔 7～10d。

10 收获

茎秆转为黄绿色并枯软，多数荚果果壳硬化，网纹清晰，种仁饱满时，及时收获晾晒 5～7d，尽快将花生含水量降至 10% 以下。

十、水稻稻瘟病综合防治技术规程

发布单位：临沂市质量技术监督局　临沂市农业局

标准编号：DB3713/T 088—2016

本标准起草单位：临沂市农业科学院　临沂同德农业科技开发有限公司

本标准主要起草人：赵秀山　周广财　侯慧敏　彭美祥　文婷婷　孙奎玲　郭希娟　崔晓梅　田磊　刘进谦　高蕾红

标准正文：

1 范围

本标准规定了水稻生产上的稻瘟病防治技术。

本标准适用于临沂稻区水稻稻瘟病的防治。

2 规范性引用文件

下列文件对于本文件的应用是必不可少的。凡是注日期的引用文件，仅注日期的版本适用于本文件。凡是不注日期的引用文件，其最新版本（包括所有的修改单）适用于本文件。

GB 4285　　农药安全使用标准
GB/T 8321　　(所有部分) 农药合理使用准则
GB/T 15790　　稻瘟病测报调查规范
GB 4404.1　　粮食作物种子　第1部分：禾谷类

3　术语和定义

下列术语和定义适用于本文件。

3.1　防治指标

病虫草等有害生物危害后所造成的损失达到防治费用时的种群密度的数值。

3.2　防治适期

病虫草等有害生物生长过程中，最适合进行防治的时期。

3.3　安全间隔期

最后一次施药至作物收获时必须间隔的天数，即作物收获前禁止使用农药的天数。

3.4　防治指标

病虫草等有害生物危害后所造成的损失达到防治费用时的种群密度的数值。

4　稻瘟病症状识别

水稻从幼苗到抽穗成熟整个生育期都可受到危害。根据发生时期和发病部位不同，可分为苗瘟、叶瘟、节瘟、穗颈瘟和谷粒瘟。稻瘟病症状识别见附录A。

5　防治原则

坚持“预防为主，综合防治”的植保工作方针，以农业防治为基础，辅以科学的化学防治措施，达到有效、安全、经济和生态的目的。

6 综合防治技术

6.1 农业防治

6.1.1 选用抗病品种

根据当地稻瘟病发生情况，因地制宜地选用抗病品种，品种要合理布局和轮换种植，避免大面积种植单一品种。

6.1.2 处理病稻草

带病稻草是稻瘟病的主要初侵染来源，应及时处理，将病稻草深埋或堆积发酵用作肥料，不可用于催芽或捆秧把，以免病菌传染导致病害发生。

6.1.3 合理密植

培育旱育壮秧，提高稻株的抗病能力。在群体上应做到合理密植，适当加大行距，提倡行株距为25cm×12.5cm，每667m^2栽插6万~8万基本茎蘖苗，以便于通风透光，抑制病菌生长、侵入，减轻病害发生。

6.1.4 浇水施肥

氮、磷、钾肥应合理搭配使用，避免过多或过迟施用氮肥。适当增加钾肥，氮、磷、钾肥使用比例为2：1：2.5。在水的管理上，避免长期冷水灌田，要适时排水，做到浅水勤灌，湿润灌溉，促进根系发达，稻株生长健壮，提高植株抗病能力。

6.2 化学防治

6.2.1 种子消毒

用25%咪鲜胺乳油3 000倍液浸种24h，用清水冲洗后，再催芽、播种。

6.2.2 喷雾防治

6.2.2.1 秧田防治

在水稻移栽前3~5d，用20%三环唑可湿性粉剂100g/亩，或用25%咪鲜胺乳油50~75ml，对水30kg喷雾。

6.2.2.2 叶瘟防治

水稻插秧后，在叶瘟发生初期，特别是急性型病斑出现时，立即喷药防治扑灭发病中心，根据天气预报和病情发展决定喷药次数，一般隔5~7d用药一次，连喷2~3次，应交替用药。可选用的药剂：40%稻瘟灵乳油100ml/亩、或用20%三环唑可湿性粉剂100g/亩等药剂喷雾防治，手动喷雾器喷雾药液量为45~60kg/亩，机动喷雾器喷雾药液量为7.5~10kg/亩。

6.2.2.3 穗颈瘟防治

在水稻破口期和齐穗期各喷药一次。可选用20%三环唑可湿性粉剂100g/亩、或用30%稻瘟酰胺悬浮剂50~60g/亩喷雾防治。喷药时应避开水稻开花期，在上午10点之前或下午3点之后喷药为宜，以避免影响水稻授粉。

稻瘟病防治常用药剂见附录B。

附录A 稻瘟病症状识别
（资料性附录）

表A 稻瘟病症状识别

稻瘟病类型	症状识别
苗瘟	发生在秧苗三叶期以前，发病初期芽和芽鞘出现水渍状斑点，以后病苗基部变成灰黑色，上部呈红褐色卷缩枯死。
叶瘟	秧苗和成株的叶片上均可发生。初期出现近圆形暗绿色或褐色病斑，后逐渐扩大成梭形，两端有沿叶脉延伸的褐色坏死线，病斑中央呈灰白色，周围边缘出现黄色晕圈，病斑背面在天气潮湿时产生灰色霉层。
节瘟	在稻茎节上出现褐色小点，后逐渐扩大使全节变黑腐烂，干燥时凹陷，茎秆易折断、倒伏，发生严重时形成白穗或瘪粒。
穗颈瘟	在穗颈上病斑初为水渍状淡褐色小点，后逐渐向上、向下扩展，颜色变为黑褐色。穗颈在始穗期发病易造成白穗，发病晚的谷粒不饱满，秕谷增多。穗部枝梗或穗轴发病，也呈褐色或灰白色，其上面的小穗结实受到影响，空秕率高。湿度大时，发病部位可产生灰色霉层。

（续表）

稻瘟病类型	症状识别
谷粒瘟	发生在谷壳及护颖上。发病早的病斑为椭圆形褐色斑点，中央灰白色，可使谷粒形成灰白色的秕谷。发病晚的，产生椭圆形或不规则形褐斑。发生严重时，可使米粒变黑。

附录 B　稻瘟病防治常用药剂及安全间隔期
（资料性附录）

表 B　稻瘟病防治常用药剂及安全间隔期

农药		施用量 g（ml）/亩	施药方法	每季最多施用次数	安全间隔期（d）
名称	剂型及含量				
稻瘟灵	40%乳油	66.6~100ml	喷雾	3	14
三环唑	20%可湿性粉剂	100g	喷雾	2	35
灭瘟素	2%乳油	75~100ml	喷雾	3	7
甲基硫菌灵	70%可湿性粉剂	100~143g	喷雾	3	30
春雷霉素	2%水剂	80~100ml	喷雾	3	21
敌瘟磷	40%乳油	75~100ml	喷雾	3	21
稻瘟酞	70%可湿性粉剂	64~100g	喷雾	4	21
苯甲、丙环唑	30%乳油	20~25ml	喷雾	4	6
多菌灵	50%可湿性粉剂	50g	喷雾	3	30
咪鲜胺	25%乳油	50~75ml	喷雾	2~3	7
稻瘟酰胺	30%悬浮剂	50~60g	喷雾	—	14

十一、黄瓜采后商品化处理技术规程

发布单位：临沂市质量技术监督局

标准编号：DB 3713/T 093—2016

本标准起草单位：临沂市农业科学院　兰陵县蔬菜办公室

本标准主要起草人：周绪元　张永涛　付成高　曹德强　刘林

标准正文：

1　范围

本规程规定了黄瓜的采收、分级、包装、预冷、产地存放和配送等技术要求。

本规程适用于临沂市黄瓜采后商品化处理。

2　规范性引用文件

下列文件对于本文件的应用是必不可少的。凡是注日期的引用文件，仅注日期的版本适用于本文件。凡是不注日期的引用文件，其最新版本（包括所有的修改单）适用于本文件。

GB 2762　食品安全国家标准　食品中污染物限量

GB 2763　食品中农药最大残留限量

GB/T 5737　食品塑料周转箱

GB/T 6543　运输包装用单瓦楞纸箱和双瓦楞纸箱

GB/T 8855　新鲜水果和蔬菜　取样方法

GB/T 28843　食品冷链物流追溯管理要求

NY/T 1587　黄瓜等级规格

NY/T 1655　蔬菜包装标识通用准则

SB/T 10158　新鲜蔬菜包装与标识

3　术语和定义

下列术语和定义适用于本文件。

3.1　产地包装

用于保护黄瓜商品，防止在储运过程中发生货损货差，避免运输途中各种外界条件对黄瓜商品可能产生的影响，方便检验、计数和分拨，以运输储运为主要目的的包装。

3.2 配送包装

用于超市销售、直销，利于保鲜，方便食用，可进行品牌溯源，以终端销售为目的的包装。

3.3 差压预冷

用风机强制循环冷风，在黄瓜包装箱的两侧产生压力差，使冷风从包装箱内部穿过，以对流换热的形式带走箱内的黄瓜热量的冷却方式。

3.4 冷链物流

以制冷技术为手段，实现黄瓜从生产、流通、销售到消费的各个环节始终处于规定的温度、湿度范围内，以保证质量，减少损耗的措施。

3.5 食用农产品合格证

食用农产品生产经营者对所生产经营食用农产品自行开具的质量安全合格标识。内容包括：产品名称和重量；生产经营者信息(名称、地址、联系方式)；确保合格的方式；食用农产品生产经营者盖章或签名。

4 产品基本要求

瓜条完整、清洁、有光泽、无萎蔫、外观新鲜；无冷害、冻害、无病斑、腐烂或变质产品；无虫害及其他机械损伤。

5 采收与分级

5.1 采收

5.1.1 应在本品种适宜的产品成熟度采摘。

5.1.2 宜选择清晨采收，避免雨水和露水。

5.1.3 选用适宜工具从果柄基部剪切下黄瓜。应轻拿轻放，防止机械损伤，保持表面清洁。

5.2 等级与规格

5.2.1 等级划分

分为特级、一级和二级，应符合下表的规定。

表 黄瓜等级划分

等级	特级	一级	二级
指标	①具有该品种特有的颜色，光泽好。 ②瓜条直，每10cm长的瓜条弓形高度≤0.5cm，距瓜把端和瓜顶端3cm处的瓜身横径与中部相近，横径差≤0.5cm，瓜把长占瓜总长的比例≤1/8。 ③瓜皮无因运输或包装而造成的机械损伤。 ④98%以上产品符合该等级的要求。	①具有该品种特有的颜色，有光泽。 ②瓜条较直，每10cm长的瓜条弓形高度>0.5cm且≤1cm，距瓜把端和瓜顶端3cm处的瓜身与中部的横径差≤1cm，瓜把长占瓜总长的比例≤1/7。 ③允许瓜皮有因运输或包装而造成的轻微损伤。 ④95%以上产品符合该等级的要求。	①基本具有该品种特有的颜色，有光泽； ②瓜条较直，每10cm长的瓜条弓形高度>1cm且≤2cm，距瓜把端和瓜顶端3cm处的瓜身与中部的横径差≤2cm。 ③瓜把长占瓜总长的比例≤1/6。 ③允许瓜皮有少量因运输或包装而造成的损伤，但不影响果实耐贮性。 ④95%以上产品符合该等级的要求。

5.2.2 规格划分

按照NY/T 1587的规定执行。

6 检测方法

6.1 取样方法

按照GB/T 8855的规定执行，进行抽样质量检测，并记录。

6.2 外观检测

用目测和直尺检测。

6.3 污染物限量检测

按照GB 2762的规定执行。

6.4 农药最大残留限量检测

按照 GB 2763 的规定执行。

7 产地包装

7.1 材料要求

塑料周转箱应符合 GB/T 5737 的规定，纸箱应符合 GB/T 6543 的规定，泡沫箱等应符合 SB/T 10158 的规定。

7.2 包装要求

采收前宜将包装箱备放在田间，采收后应进行分级。应将同一等级的放置在同一包装箱内。气候干燥季节应采取保湿措施，防止失水。应在包装箱上标注产品名称、生产者名称、地址、联系电话。

8 预冷

8.1 产地短期存放

产地存放时间不宜超过 4h。如不能及时运走，宜在温度 12～13℃、相对湿度 95%左右的条件下存放。

8.2 预冷

远距离运输和短期贮藏的宜进行预冷，宜采用冷库预冷或差压预冷。

8.2.1 冷库预冷

8.2.1.1 预冷库温度 11～12℃，相对湿度 90%以上。

8.2.1.2 应将包装箱放置托盘上，并沿着冷库的冷风流向码放成排，箱与箱之间应留出 5cm 缝隙，两排间隔 20cm，包装箱与墙壁之间应留出 30cm 的风道。包装箱的堆码高度低于冷风出口 50cm 以上。

8.2.1.3 预冷应使黄瓜的温度达到 15℃以下。

8.2.2　差压预冷

8.2.2.1　预冷库温度11~12℃，相对湿度90%以上。

8.2.2.2　应根据差压预冷设备的处理量大小（能力）确定每次的预冷量。

8.2.2.3　预冷前应将包装箱整齐码放在差压预冷设备的通风道两侧，应根据黄瓜量各码一排或两排。包装箱要对齐、码平，堆码高度应低于覆盖物。

8.2.2.4　包装箱码好后，应将通风设备上的覆盖物打开，平铺盖在包装箱上，侧面要贴近包装箱垂直放下，防止漏风；

8.2.2.5　预冷时应打开差压预冷风机，黄瓜的温度达到15℃以下方可关闭预冷风机。

9　运输

9.1　提倡冷链物流。特别是夏天须采用冷藏车运输，冷藏车温度11~13℃，湿度90%~95%，运输时间不超过3d。

9.2　普通车运输要注意防晒、保湿和通风，夏天应注意降温，冬天应注意防冻。从采收到配送中心不超过6h。

9.3　装卸货时应轻拿、轻放、防止机械损伤。

10　销售

10.1　配送包装

配送小包装可采用托盘加透明薄膜或塑料袋包装，也可整齐码放。提倡采用保鲜膜进行包装。包装标识应符合NY/T 1655的规定。

10.2　柜台陈列

常温销售柜台应少摆放产品，随时从冷库取货补充。低温销售温度应控制在12~13℃。不能及时出售的黄瓜蔬菜，应放置在温度11~13℃，湿度90%以上储藏库内。

11 质量追溯

11.1 追溯

从黄瓜种植管理、采后处理、物流及终端销售等全程唯一编码，进行条形码、二维码等标示，并将信息上传追溯平台，实现透明溯源、全程质量可追溯。

11.2 签发食用农产品合格证

对达到质量标准要求的黄瓜产品签发食用农产品合格证，并且与产品同行。

十二、番茄采后商品化处理技术规程

发布单位：临沂市质量技术监督局

标准编号：DB 3713/T 094—2016

本标准起草单位：临沂市农业科学院　兰陵县蔬菜办公室

本标准主要起草人：张永涛　周绪元　李霄　焦圣群　王鹏

标准正文：

1 范围

本规程规定了番茄的采收、分级、包装、预冷、产地存放和配送等技术要求。

本规程适用于临沂市番茄采后商品化处理。

2 规范性引用文件

下列文件对于本文件的应用是必不可少的。凡是注日期的引用文件，仅注日期的版本适用于本文件。凡是不注日期的引用文件，其最新版本（包括所有的修改单）适用于本文件。

GB 2762　食品安全国家标准　食品中污染物限量

GB 2763　　食品中农药最大残留限量
GB/T 5737　食品塑料周转箱
GB/T 6543　运输包装用单瓦楞纸箱和双瓦楞纸箱
GB/T 8855　新鲜水果和蔬菜　取样方法
GB/T 28843 食品冷链物流追溯管理要求
NY/T 940　　番茄等级规格
NY/T 1655　蔬菜包装标识通用准则
SB/T 10158 新鲜蔬菜包装与标识

3　术语和定义

下列术语和定义适用于本文件。

3.1　产地包装

用于保护番茄商品，防止在储运过程中发生货损货差，避免运输途中各种外界条件对番茄商品可能产生的影响，方便检验、计数和分拨，以运输储运为主要目的的包装。

3.2　配送包装

用于超市销售、直销，利于保鲜，方便食用，可进行品牌溯源，以终端销售为目的的包装。

3.3　差压预冷

用风机强制循环冷风，在番茄包装箱的两侧产生压力差，使冷风从包装箱内部穿过，以对流换热的形式带走箱内的番茄热量的冷却方式。

3.4　冷链物流

以制冷技术为手段，实现番茄从生产、流通、销售到消费的各个环节始终处于规定的温度、湿度范围内，以保证质量，减少损耗的措施。

3.5　食用农产品合格证

食用农产品生产经营者对所生产经营食用农产品自行开具的质

量安全合格标识。内容包括：产品名称和重量；生产经营者信息（名称、地址、联系方式）；确保合格的方式；食用农产品生产经营者盖章或签名。

4　产品基本要求

果形完整、清洁、有光泽、无萎蔫、外观新鲜；无冷害、冻害、无病斑、腐烂或变质产品；无虫害及其他机械损伤。

5　采收与分级要求

5.1　采收

5.1.1　应在本品种适宜的产品成熟度采摘。

5.1.2　宜选择清晨采收，避免雨水和露水。

5.1.3　选用适宜工具从果柄基部剪切下番茄。应轻拿轻放，防止机械损伤，保持表面清洁。

5.2　等级与规格

5.2.1　等级划分

分为特级、一级和二级，应符合下表的规定。

表　番茄等级划分

等级	特级	一级	二级
指标	①色泽均匀。 ②新鲜，表皮光滑，无机械伤。 ③果实弹性好。 ④98%以上产品符合该等级的要求。	①色泽均匀。 ②较新鲜，表皮光滑，无机械伤。 ③果实坚实，有弹性。 ④95%以上产品符合该等级的要求。	①色泽较好。 ②尚新鲜，表皮光滑，无机械伤。 ③果实弹性稍差。 ④95%以上产品符合该等级的要求。

5.2.2　规格划分

按照 NY/T 940 的规定执行。

6　检测方法

6.1　取样方法

按照 GB/T 8855 的规定执行，进行抽样质量检测，并记录。

6.2　外观检测

用目测和直尺检测。

6.3　污染物限量检测

按照 GB 2762 的规定执行。

6.4　农药最大残留限量检测

按照 GB 2763 的规定执行。

7　产地包装

7.1　材料要求

塑料周转箱应符合 GB/T 5737 的规定，纸箱应符合 GB/T 6543 的规定，泡沫箱等应符合 SB/T 10158 的规定。

7.2　包装要求

采收前宜将包装箱备放在田间，采收后应进行分级。应将同一等级的放置在同一包装箱内。气候干燥季节应采取保湿措施，防止失水。应在包装箱上标注产品名称、生产者名称、地址、联系电话。

8　预冷

8.1　产地短期存放

产地存放时间不宜超过 4h。如不能及时运走，宜在温度 10~13℃、相对湿度 95%左右的条件下存放。

8.2　预冷

远距离运输和短期贮藏的宜进行预冷，宜采用冷库预冷或差压预冷。

8.2.1 冷库预冷

8.2.1.1 预冷库温度9~11℃，相对湿度90%以上。

8.2.1.2 应将包装箱放置托盘上，并沿着冷库的冷风流向码放成排，箱与箱之间应留出5cm缝隙，两排间隔20cm，包装箱与墙壁之间应留出30cm的风道。包装箱的堆码高度低于冷风出口50cm以上。

8.2.1.3 预冷应使番茄的温度达到12℃以下。

8.2.2 差压预冷

8.2.2.1 预冷库温度10~11℃，相对湿度90%以上。

8.2.2.2 应根据差压预冷设备的处理量大小（能力）确定每次的预冷量。

8.2.2.3 预冷前应将包装箱整齐码放在差压预冷设备的通风道两侧，应根据番茄量各码一排或两排。包装箱要对齐、码平，堆码高度应低于覆盖物。

8.2.2.4 包装箱码好后，应将通风设备上的覆盖物打开，平铺盖在包装箱上，侧面要贴近包装箱垂直放下，防止漏风。

8.2.2.5 预冷时应打开差压预冷风机，番茄的温度达到12℃以下方可关闭预冷风机。

9 运输

9.1 提倡冷链物流。特别是夏天须采用冷藏车运输，冷藏车温度12℃，湿度90%~95%，运输时间不超过3d。

9.2 普通车运输要注意防晒、保湿和通风，夏天应注意降温，冬天应注意防冻。从采收到配送中心不超过6h。

9.3 装卸货时应轻拿、轻放、防止机械损伤。

10 销售

10.1 配送包装

配送小包装可采用托盘加透明薄膜或塑料袋包装，也可整齐码放。提倡采用保鲜膜进行包装。包装标识应符合 NY/T 1655 的规定。

10.2　柜台陈列

常温销售柜台应少摆放产品，随时从冷库取货补充。低温销售温度应控制在 10~13℃。不能及时出售的番茄，应放置在温度 10~11℃，湿度 95%以上储藏库内。

11　质量追溯

11.1　追溯

从番茄种植管理、采后处理、物流及终端销售等全程唯一编码，进行条形码、二维码等标示，并将信息上传追溯平台，实现透明溯源、全程质量可追溯。

11.2　签发食用农产品合格证

对达到质量标准要求的番茄产品签发食用农产品合格证，并且与产品同行。

十三、辣椒采后商品化处理技术规程

发布单位：临沂市质量技术监督局
标准编号：DB 3713/T 095—2016
本标准起草单位：临沂市农业科学院　兰陵县蔬菜办公室
本标准主要起草人：张永涛　周绪元　李霄　焦圣群　王鹏
标准正文：

1　范围

本规程规定了鲜食辣椒的采收、分级、包装、预冷、产地存放和配送等技术要求。

本规程适用于临沂市鲜食辣椒采后商品化处理。

2 规范性引用文件

下列文件对于本文件的应用是必不可少的。凡是注日期的引用文件，仅注日期的版本适用于本文件。凡是不注日期的引用文件，其最新版本（包括所有的修改单）适用于本文件。

GB 2762　食品安全国家标准　食品中污染物限量
GB 2763　食品中农药最大残留限量
GB/T 5737　食品塑料周转箱
GB/T 6543　运输包装用单瓦楞纸箱和双瓦楞纸箱
GB/T 8855　新鲜水果和蔬菜　取样方法
GB/T 28843　食品冷链物流追溯管理要求
NY/T 944　辣椒等级规格
NY/T 1655　蔬菜包装标识通用准则
SB/T 10158　新鲜蔬菜包装与标识

3 术语和定义

下列术语和定义适用于本文件。

3.1 产地包装

用于保护鲜食辣椒商品，防止在储运过程中发生货损货差，避免运输途中各种外界条件对鲜食辣椒商品可能产生的影响，方便检验、计数和分拨，以运输储运为主要目的的包装。

3.2 配送包装

用于超市销售、直销，利于保鲜，方便食用，可进行品牌溯源，以终端销售为目的的包装。

3.3 差压预冷

用风机强制循环冷风，在鲜食辣椒包装箱的两侧产生压力差，使冷风从包装箱内部穿过，以对流换热的形式带走箱内的鲜食辣椒热量的冷却方式。

3.4　冷链物流

以制冷技术为手段，实现鲜食辣椒从生产、流通、销售到消费的各个环节始终处于规定的温度、湿度范围内，以保证质量，减少损耗的措施。

3.5　食用农产品合格证

食用农产品生产经营者对所生产经营食用农产品自行开具的质量安全合格标识。内容包括：产品名称和重量；生产经营者信息(名称、地址、联系方式)；确保合格的方式；食用农产品生产经营者盖章或签名。

4　产品基本要求

外观完整、清洁、有光泽、无萎蔫、外观新鲜；无冷害、冻害、无病斑、腐烂或变质产品；无虫害及其他机械损伤。

5　采收与分级要求

5.1　采收

5.1.1　应在本品种适宜的产品成熟度采摘。

5.1.2　宜选择清晨采收，避免雨水和露水。

5.1.3　选用适宜工具从果柄基部剪切下鲜食辣椒。应轻拿轻放，防止机械损伤，保持表面清洁。

5.2　等级与规格

5.2.1　等级划分

分为特级、一级和二级，应符合下表的规定。

表　鲜食辣椒等级划分

等级	特级	一级	二级
指标	①具有果实固有色泽，自然鲜亮，洁净，无机械伤或病虫伤。 ②果实丰实，不萎蔫，果柄新鲜。 ③具有果实固有形状且整齐一致；无因运输或包装而造成的机械损伤；98%以上产品符合该等级的要求。	①具有果实固有色泽，较鲜亮，颜色较均匀，洁净，无机械伤或病虫伤。 ②果实丰实，质地较脆嫩，果柄较新鲜，略皱。 ③具有果实固有形状，较整齐；表面无因运输或包装而造成的机械损伤；95%以上产品符合该等级的要求。	①具有果实固有色泽，不够鲜亮，略有杂色，有轻微机械伤或病虫伤。 ②果实较丰实，无明显萎蔫，果柄有萎皱现象。 ③具有果实固有形状且整齐一致；表面无因运输或包装而造成的机械损伤；95%以上产品符合该等级的要求。

5.2.2　规格划分

按照 NY/T 944 的规定执行。

6　检测方法

6.1　取样方法

按照 GB/T 8855 的规定执行，进行抽样质量检测，并记录。

6.2　外观检测

用目测和直尺检测。

6.3　污染物限量检测

按照 GB 2762 的规定执行。

6.4　农药最大残留限量检测

按照 GB 2763 的规定执行。

7　产地包装

7.1　材料要求

塑料周转箱应符合 GB/T 5737 的规定，纸箱应符合 GB/T 6543

的规定，泡沫箱等应符合 SB/T 10158 的规定。

7.2　包装要求

采收前宜将包装箱备放在田间，采收后应进行分级。应将同一等级的放置在同一包装箱内。气候干燥季节应采取保湿措施，防止失水。应在包装箱上标注产品名称、生产者名称、地址、联系电话。

8　预冷

8.1　产地短期存放

产地存放时间不宜超过 4h。如不能及时运走，宜在温度 9~12℃、相对湿度 90%左右的条件下存放。

8.2　预冷

远距离运输和短期贮藏的宜进行预冷，宜采用冷库预冷或差压预冷。

8.2.1　冷库预冷

8.2.1.1　预冷库温度 9~12℃，相对湿度 90%以上。

8.2.1.2　应将包装箱放置托盘上，并沿着冷库的冷风流向码放成排，箱与箱之间应留出 5cm 缝隙，两排间隔 20cm，包装箱与墙壁之间应留出 30cm 的风道。包装箱的堆码高度低于冷风出口 50cm 以上。

8.2.1.3　预冷应使鲜食辣椒的温度达到 15℃以下。

8.2.2　差压预冷

8.2.2.1　预冷库温度 9~12℃，相对湿度 90%以上。

8.2.2.2　应根据差压预冷设备的处理量大小（能力）确定每次的预冷量。

8.2.2.3　预冷前应将包装箱整齐码放在差压预冷设备的通风道两侧，应根据鲜食辣椒量各码一排或两排。包装箱要对齐、码平，堆码高度应低于覆盖物。

8.2.2.4　包装箱码好后，应将通风设备上的覆盖物打开，平铺盖在包装箱上，侧面要贴近包装箱垂直放下，防止漏风。

8.2.2.5　预冷时应打开差压预冷风机，鲜食辣椒的温度达到13℃方可关闭预冷风机。

9　运输

9.1　提倡冷链物流。特别是夏天须采用冷藏车运输，冷藏车温度10~12℃，湿度90%~95%，运输时间不超过3d。

9.2　普通车运输要注意防晒、保湿和通风，夏天应注意降温，冬天应注意防冻。从采收到配送中心不超过6h。

9.3　装卸货时应轻拿、轻放、防止机械损伤。

10　销售

10.1　配送包装

配送小包装可采用托盘加透明薄膜或塑料袋包装，也可整齐码放。提倡采用保鲜膜进行包装。包装标识应符合NY/T 1655的规定。

10.2　柜台陈列

常温销售柜台应少摆放产品，随时从冷库取货补充。低温销售温度应控制在10~12℃。不能及时出售的鲜食辣椒蔬菜，应放置在温度9~12℃，湿度90%~95%以上储藏库内。

11　质量追溯

11.1　追溯

从辣椒种植管理、采后处理、物流及终端销售等全程唯一编码，进行条形码、二维码等标示，并将信息上传追溯平台，实现透明溯源、全程质量可追溯。

11.2　签发食用农产品合格证

对达到质量标准要求的鲜食辣椒产品签发食用农产品合格证，并且与产品同行。

十四、西葫芦采后商品化处理技术规程

发布单位：临沂市质量技术监督局
标准编号：DB 3713/T 096—2016
本标准起草单位：临沂市农业科学院　兰陵县蔬菜办公室
本标准主要起草人：周绪元　张永涛　付成高　曹德强　刘林
标准正文：

1　范围

本规程规定了西葫芦的采收、分级、包装、预冷、产地存放和配送等技术要求。

本规程适用于临沂市西葫芦采后商品化处理。

2　规范性引用文件

下列文件对于本文件的应用是必不可少的。凡是注日期的引用文件，仅注日期的版本适用于本文件。凡是不注日期的引用文件，其最新版本（包括所有的修改单）适用于本文件。

GB 2762　食品安全国家标准　食品中污染物限量
GB 2763　食品中农药最大残留限量
GB/T 5737　食品塑料周转箱
GB/T 6543　运输包装用单瓦楞纸箱和双瓦楞纸箱
GB/T 8855　新鲜水果和蔬菜　取样方法
GB/T 28843　食品冷链物流追溯管理要求
NY/T 1655　蔬菜包装标识通用准则
NY/T 1837　西葫芦等级规格

SB/T 10158 新鲜蔬菜包装与标识

3 术语和定义

下列术语和定义适用于本文件。

3.1 产地包装

用于保护西葫芦商品，防止在储运过程中发生货损货差，并最大限度地避免运输途中各种外界条件对西葫芦商品可能产生的影响，方便检验、计数和分拨，以运输储运为主要目的的包装。

3.2 配送包装

用于超市销售、直销，利于保鲜，方便食用，可进行品牌溯源，以终端销售为目的的包装。

3.3 差压预冷

用风机强制循环冷风，在西葫芦包装箱的两侧产生压力差，使冷风从包装箱内部穿过，以对流换热的形式带走箱内的西葫芦热量的冷却方式。

3.4 冷链物流

以制冷技术为手段，实现西葫芦从生产、流通、销售到消费的各个环节始终处于规定的温度、湿度范围内，以保证质量，减少损耗的措施。

3.5 食用农产品合格证

食用农产品生产经营者对所生产经营食用农产品自行开具的质量安全合格标识。内容包括：产品名称和重量；生产经营者信息(名称、地址、联系方式)；确保合格的方式；食用农产品生产经营者盖章或签名。

4 产品基本要求

瓜条完整、清洁、有光泽、无萎蔫、外观新鲜；无冷害、冻害、无病斑、腐烂或变质产品；无虫害及其他机械损伤。

5　采收与分级要求

5.1　采收

5.1.1　应在本品种适宜的产品成熟度采摘。

5.1.2　宜选择清晨采收，避免雨水和露水。

5.1.3　选用适宜工具从果柄基部剪切下西葫芦。应轻拿轻放，防止机械损伤，保持表面清洁。

5.2　等级与规格

5.2.1　等级划分

分为特级、一级和二级，应符合下表的规定。

表　西葫芦等级划分

等级	特级	一级	二级
指标	①大小均匀，外观一致，修整良好，光泽度强。 ②无机械损伤、病虫损伤、冻伤及畸形瓜。 ③瓜肉鲜嫩，种子未完全形成，瓜肉中未出现木质脉径。 ④长度 14.5～15.5cm，果蒂长度≤1.5cm，直径 6～7cm。	①大小基本均匀，外观基本一致，修整较好，有光泽。 ②无机械损伤、病虫损伤、冻伤及畸形瓜。 ③瓜肉鲜嫩，种子未完全形成，瓜肉中未出现木质脉径。 ④长度 14.5～15.5cm，果蒂长度≤1.5cm，直径 6～7cm。	①大小基本均匀，外观相似，修整一般，光泽度较弱。 ②机械损伤、冻伤及畸形瓜总量不能超出 2%。 ③瓜肉较鲜嫩，种子完全形成，瓜肉中出现少量木质脉径。 ④长度<14.5cm 或长度>15.5cm，果蒂长度>1.5cm，直径<6cm 或>7cm。

5.2.2　规格划分

按照 NY/T 1837 的规定执行。

6　检测方法

6.1　取样方法

按照 GB/T 8855 的规定执行，进行抽样质量检测，并记录。

6.2 外观检测

用目测和直尺检测。

6.3 污染物限量检测

按照 GB 2762 的规定执行。

6.4 农药最大残留限量检测

按照 GB 2763 的规定执行。

7 产地包装

7.1 材料要求

塑料周转箱应符合 GB/T 5737 的规定，纸箱应符合 GB/T 6543 的规定，泡沫箱等应符合 SB/T 10158 的规定。

7.2 包装要求

采收前宜将包装箱备放在田间，采收后应进行分级。应将同一等级的放置在同一包装箱内。气候干燥季节应采取保湿措施，防止失水。应在包装箱上标注产品名称、生产者名称、地址、联系电话。

8 预冷

8.1 产地短期存放

产地存放时间不宜超过 4h。如不能及时运走，宜在温度 7~11℃、相对湿度 95%左右的条件下存放。

8.2 预冷

远距离运输和短期贮藏的宜进行预冷，宜采用冷库预冷或差压预冷。

8.2.1 冷库预冷

8.2.1.1 预冷库温度 6~11℃，相对湿度 95%以上。

8.2.1.2 应将包装箱放置托盘上，并沿着冷库的冷风流向码放成排，箱与箱之间应留出 5cm 缝隙，两排间隔 20cm，包装箱与墙壁之间应留出 30cm 的风道。包装箱的堆码高度低于冷风出口 50cm 以上。

8.2.1.3 预冷应使西葫芦的温度达到 12℃以下。

8.2.2 差压预冷

8.2.2.1 预冷库温度 6~11℃，相对湿度 95%以上。

8.2.2.2 应根据差压预冷设备的处理量大小（能力）确定每次的预冷量。

8.2.2.3 预冷前应将包装箱整齐码放在差压预冷设备的通风道两侧，应根据西葫芦量各码一排或两排。包装箱要对齐、码平，堆码高度应低于覆盖物。

8.2.2.4 包装箱码好后，应将通风设备上的覆盖物打开，平铺盖在包装箱上，侧面要贴近包装箱垂直放下，防止漏风。

8.2.2.5 预冷时应打开差压预冷风机，西葫芦的温度达到 12℃以下方可关闭预冷风机。

9 运输

9.1 提倡冷链物流。特别是夏天须采用冷藏车运输，冷藏车温度 7~11℃，湿度 90%~95%，运输时间不超过 3d。

9.2 普通车运输要注意防晒、保湿和通风，夏天应注意降温，冬天应注意防冻。从采收到配送中心不超过 6h。

9.3 装卸货时应轻拿、轻放、防止机械损伤。

10 销售

10.1 配送包装

配送小包装可采用托盘加透明薄膜或塑料袋包装，也可整齐码放。提倡采用保鲜膜进行包装。包装标识应符合 NY/T 1655 的规定。

10.2 柜台陈列

常温销售柜台应少摆放产品，随时从冷库取货补充。低温销售温度应控制在9~12℃。不能及时出售的西葫芦蔬菜，应放置在温度7~11℃，湿度95%以上储藏库内。

11 质量追溯

11.1 追溯

从西葫芦种植管理、采后处理、物流及终端销售等全程唯一编码，进行条形码、二维码等标示，并将信息上传追溯平台，实现透明溯源、全程质量可追溯。

11.2 签发食用农产品合格证

对达到质量标准要求的西葫芦产品签发食用农产品合格证，并且与产品同行。

十五、日光温室黄瓜有机生产技术规程

发布单位：临沂市质量技术监督局　临沂市农业局

标准编号：DB3713/T 097—2016

本标准起草单位：临沂市农业科学院　临沂同德农业科技开发有限公司

本标准主要起草人：冷鹏　周绪元　张永涛　周广财　张林夕

标准正文：

1 范围

本标准规定了日光温室黄瓜有机生产的产地、栽培技术、病虫害防治、采收等要求。

本标准适用于临沂市鲜食或者加工黄瓜的日光温室越冬栽培。

2　规范性引用文件

下列文件对于本文件的应用是必不可少的。凡是注日期的引用文件，仅注日期的版本适用于本文件。凡是不注日期的引用文件，其最新版本（包括所有的修改单）适用于本文件。

GB 15618　土壤环境质量标准

GB 5084　农田灌溉水质标准

GB 3095　环境空气质量标准

GB/T 19630.1　有机产品　第1部分：生产

GB/T 9137　保护农作物的大气污染物最高准许浓度

3　产地要求

3.1　环境

3.1.1　有机黄瓜生产基地应远离城区、工矿区、交通主干线、工业、生活垃圾场等污染源。

3.1.2　有机生产基地的环境质量应符合以下要求：

a）农田灌溉用水水质应符合 GB/T 5084 Ⅴ类水标准。

b）土壤环境质量应符合 GB/T 15618 二级标准。

c）环境空气质量应符合 GB/T 3095 二级标准。

3.1.3　土层深厚，结构疏松，有机质丰富的土壤。

3.2　转换期

转换期一般不少于 24 个月。

3.3　缓冲带

有机黄瓜种植区与常规农作物生产区之间应有缓冲带。

4　栽培技术

4.1　品种选择

选用非转基因的黄瓜品种。选择适应性广、耐低温弱光、抗病性强、商品性好的品种。

4.2 栽培茬口

主要分为秋冬茬、越冬茬、冬春茬三个茬口。秋冬茬在8月上中旬播种，9月定植。越冬茬在9月下旬至10月上旬播种，10月下旬至11月上旬定植。冬春茬在11月中旬至翌年1月，12月上旬至翌年2月定植。

4.3 育苗

4.3.1 育苗时间

在定植前30~50d进行育苗。

4.3.2 基质准备

采用草炭土：蛭石：珍珠岩=3：3：1比例配制育苗基质，充分混匀，装入营养钵或育苗盘。

4.3.3 种子处理

播种前，将精选的黄瓜种子进行温汤浸种。然后用清水洗净种子，沥干，晾30min，置于28~30℃下催芽。

将南瓜种子放入70~80℃的热水中，来回倾倒，使水温降至30℃时，搓洗掉种皮上的黏液，再于30℃温水中浸泡10~20h，捞出沥干，在25~30℃的条件下经24~36h出芽。

4.3.4 播种

砧木种子出芽后即可播种，播完后盖一层白地膜，在苗床上搭建一小拱棚，用塑料薄膜覆盖，开口处用防虫网遮盖，种子破土50%以上时揭去上层地膜。黄瓜种子播在育苗盘中。播种后覆盖1~1.5cm厚的细土，床面覆盖地膜。

4.3.5 嫁接

采用插接或靠接法进行嫁接。

4.3.6 嫁接后的管理

苗床3d内不通风。苗床气温白天25~28℃、夜间18~20℃；空气相对湿度90%~95%，3d后视苗情进行短时间少量通风，以后逐渐加大通风。1 周后接口愈合，逐渐揭去草苫，开始大通风，保持床温白天 20~25℃、夜间 12~15℃。

4.4　定植

4.4.1　选用适龄壮苗

选用苗龄 35d 左右，4 叶 1 心壮苗进行合理定植。

4.4.2　定植前准备

4.4.2.1　土壤处理

前茬作物收获后，在 7—8 月，采用土壤灌水、地膜覆盖高温消毒。

4.4.2.2　整地施肥

肥料的施用应符合 DB37/T 2244—2012 的要求，结合耕地，每 $667m^2$ 施腐熟优质农家肥 5~6t。垄下施生物有机肥 500kg。做成南北向双高垄，垄高 30cm，小行间距 60cm，大行间距 80cm。

4.4.2.3　定植密度

选晴天上午定植。栽植密度为每 $667m^2$ 栽植 2 800~3 000株。定植后，整平垄面，在双高垄上覆盖地膜，拉紧压严，形成膜下浇水沟。

4.5　田间管理

4.5.1　温光管理

缓苗前不通风，保持白天室温 28~30℃，夜间 15~18℃。缓苗后至结瓜前，以锻炼植株为主，白天室温 25~28℃，夜间 12~15℃，中午前后不超过 30℃，期间加强通风散湿。

进入结瓜期，上午室内气温控制在 25~30℃，超过 30℃ 放风；下午 20~25℃；夜间 12~15℃。

4.5.2　肥水管理

定植至坐瓜前，不追肥。当第 1 个瓜长 10cm 左右时，随水冲施有机肥料。从定植到深冬季节，控制浇水，如植株表现缺水现象，可在膜下浇小水。春季，增加浇水次数和浇水量，结合浇水每隔 15d 左右冲施 1 次有机肥料。

4.5.3 植株调整

定植后10~15d开始绑蔓，摘除病叶、老叶、卷须，以及部分雄花等。7~8节以下不留瓜，使龙头离地面始终保持在1.5~1.7m。生长期内，每株留叶12~15片，底部的老黄叶片及时去掉，并进行落蔓。

5 病虫害防治

5.1 主要病害

主要病害有霜霉病、灰霉病、细菌性角斑病、病毒病等。

5.2 主要虫害

主要虫害有白粉虱、蚜虫等。

5.3 防治原则

应创造适宜于黄瓜生长的生态环境，综合运用农业措施、物理措施、生物措施进行防治。病虫害防治应使用符合GB/T 19630.1附录A要求的物质。

5.3.1 农业措施

选用抗病品种，合理轮作，及时清洁田园。

5.3.2 物理措施

温汤浸种，高温闷棚，放风口安装防虫网，室内悬挂粘虫板。田间植株上方悬挂黄色粘虫板，每667m^2设30~40块。

5.3.3 生物措施

合理利用天敌、性诱激素、生物农药等措施防治。主要病虫害防治见附录A。

6 采收

选择瓜条新鲜脆嫩，果形好，清香瓜味较浓的黄瓜，在气温较低的清晨采收。采收时不留果柄，轻拿轻放，防止机械损伤并拭去果皮上的污物。

附录 A　日光温室有机黄瓜主要病虫害及防治技术

表 A　日光温室有机黄瓜主要病虫害及防治技术

主要病虫害	防治药剂	使用倍数	使用方法
霜霉病	1%武夷霉素水剂	150~200	发病初期，均匀喷雾
霜霉病	1%武夷霉素水剂	150~200	发病初期，均匀喷雾
霜霉病	10%多抗霉素粉剂	500~600	发病初期，均匀喷雾
灰霉病	1%武夷霉素水剂	150~200	发病初期，均匀喷雾
灰霉病	橙皮精油	300	发病初期，均匀喷雾
细菌性角斑病	10%宁南霉素水剂	800	发病初期，均匀喷雾
病毒病	0.5%氨基寡糖素水剂	500	发病初期，均匀喷雾
蚜虫	烟草水（0.5kg 烟草 + 0.5kg 石灰 + 20kg 水，密闭浸泡 24h）	原液	发生初期，均匀喷雾
蚜虫	0.5%苦参碱水剂	500	发生初期，均匀喷雾
白粉虱	0.5%苦参碱水剂	500	发生初期，均匀喷雾
白粉虱	0.5%藜芦碱水剂	500	发生初期，均匀喷雾

十六、日光温室番茄有机生产技术规程

发布单位：临沂市质量技术监督局　临沂市农业局
标准编号：DB3713/T 098—2016
本标准起草单位：临沂市农业科学院　临沂东开蔬菜有限公司
本标准主要起草人：周绪元　冷鹏　张永涛　张林夕　李士超
标准正文：

1 范围

本标准规定了日光温室番茄有机生产的产地、栽培技术、病虫害防治、采收等要求。

本标准适用于临沂市鲜食或者加工等用途番茄的日光温室有机生产。

2 规范性引用文件

下列文件对于本文件的应用是必不可少的。凡是注日期的引用文件，仅注日期的版本适用于本文件。凡是不注日期的引用文件，其最新版本（包括所有的修改单）适用于本文件。

GB 15618　土壤环境质量标准

GB 5084　农田灌溉水质标准

GB 3095　环境空气质量标准

GB/T 19630. 1　有机产品　第 1 部分：生产

3 产地要求

3. 1 产地环境

3. 1. 1　土壤环境质量应符合 GB 15618—1995 中二级标准的规定；农田灌溉用水水质应符合 GB 5084 的规定；环境空气质量应符合 GB 3095—2012 中二级标准的规定。

3. 1. 2　选择地势较高、排灌方便、肥力较高的沙壤土种植。

3. 2 转化期确定

有机番茄生产田需要经过转换期。转换期一般不少于 24 个月。

3. 3 缓冲带

应在有机生产区和常规农作物生产区之间设置缓冲带。

3. 4 转基因控制

严禁使用转基因番茄种苗、以及来自转基因生物的肥料和农药等。

4　栽培技术

4.1　种子选择

选用耐低温、弱光、抗病、高产、商品性能好的番茄品种。

4.2　栽培茬口

主要分为秋冬茬、越冬茬、冬春茬三个茬口。秋冬茬在8月上中旬播种育苗，8月底9月上旬定植。越冬茬在9月下旬至10月上旬播种，10月下旬至11月上旬定植。冬春茬栽培，12月上中旬播种育苗，1月上中旬定植。

4.3　育苗

4.3.1　育苗时间

在定植前30~50d进行育苗。

4.3.2　基质准备

采用草炭土：蛭石：珍珠岩=3：3：1比例配制育苗基质，充分混匀，装入营养钵或育苗盘。

4.3.3　种子处理

温汤浸种：将种子用55℃温水维持水温均匀浸泡15min，主要防治溃疡病、早疫病。不断搅拌待水温降至30℃时，再浸种4~5h，冲洗沥干包上湿布置于恒温箱中或催芽室内，温度控制在25~28℃，种子60%露白时即可播种。

4.3.4　播种

60%的种子出芽即可播种。苗床外搭建一小拱棚，用塑料薄膜覆盖，开口处用防虫网遮盖，等种子破土50%以上时揭去上层薄膜。

4.4　苗床管理

白天高温天气，要进行遮阴，床温不宜超过30℃。定植前6~7d，适当降温炼苗。苗期以控水为主。在秧苗3~4叶时，可结合苗情浇水提苗。

4.5 定植

4.5.1 土壤消毒

前茬作物收获后，在 7 月中旬至 8 月上旬，采用土壤灌水、地膜覆盖法，进行土壤消毒。

4.5.2 整地施肥

每 667m^2施有机肥 6 000~8 000kg，施肥后土壤深耕耙平，起垄栽培。

4.5.3 选用适龄壮苗

选用 3 叶 1 心壮苗进行移栽。

4.5.4 定植密度

采取大小行、双高垄栽培方式。大行距 80~90cm、小行距 40~50cm，株距 30~40cm。每 667m^2定植 2 500~3 000株。

4.6 缓苗期管理

4.6.1 温光管理

缓苗期，白天室温 28~30℃，夜间 17~20℃，地温不低于 20℃。

缓苗后，适当降低室温，白天 22~26℃，夜间 15~18℃。

4.6.2 植株调整

单干整枝，及时抹杈、绑秧。控制浇水，可掀开地膜中耕，促根控秧。

4.7 结果期管理

4.7.1 温光管理

低温弱光天气较多的冬春季节，室内温度，白天 20~30℃，夜间 13~15℃，尽量保证夜间温度不低于 10℃，极端低温天气下不得低于 5℃。在不降低温室气温的前提下，及时揭盖草苫，尽量延长植株见光时间。

4.7.2　肥水管理

每667m²随水冲施有机肥等。冬季温度较低，浇水不应过频，一般20~25d浇水1次，栽培基质相对含水量维持75%较宜。秋春季10d浇水1次，夏季7d浇水次，栽培基质相对含水量维持80%较宜。适当早揭草苫、晚盖草苫。注意清洁薄膜，增加入射光照。

4.7.3　植株调整

坐住果后，适当疏花疏果，每个果穗留3~4个果。及时整枝、打杈、吊秧、绑蔓，摘除老叶、黄叶、病叶。

5　病虫草防治

5.1　主要病虫害

5.1.1　主要病害有猝倒病、晚疫病、灰霉病、根结线虫、病毒病。

5.1.2　主要虫害：蚜虫、烟粉虱。

5.2　防治原则

应创造适宜于番茄生长的生态环境，综合运用农业措施、物理措施、生物措施进行防治。病虫害防治应使用符合GB/T 19630.1附录A要求的物质。

5.3　农业防治

选用抗病品种，合理轮作，及时清洁田园。

5.4　物理防治

阳光晒种、温汤浸种，高温闷棚，放风口安装防虫网，室内悬挂粘虫板。田间植株上方悬挂黄色粘虫板，每667m²设30~40块。

5.5　生物防治

保护利用天敌，释放丽蚜小蜂、捕食螨等天敌。

5.6　药剂防治

使用非化学农药防治。主要病虫害防治见附录A。

6 采收

选择符合质量标准的番茄，在气温较低的清晨采收。采收时不留果蒂，轻拿轻放，防止机械损伤并拭去果皮上的污物。

附录 A 日光温室有机番茄主要病虫害及防治技术

表 A 日光温室有机番茄主要病虫害及防治技术

主要病虫害	防治药剂	使用倍数（或用量）	使用方法
猝倒病	10%宁南霉素水剂	500~800	发病初期，均匀喷雾
晚疫病	1%武夷霉素水剂	150~200	发病初期，均匀喷雾
晚疫病	10%多抗霉素粉剂	500~600	发病初期，均匀喷雾
灰霉病	1%武夷霉素水剂	150~200	发病初期，均匀喷雾
灰霉病	橙皮精油	300	发病初期，均匀喷雾
根结线虫病	10%淡紫拟青霉粉剂	每 $667m^2$ 使用 3~5kg	穴施或沟施，土壤处理
病毒病	0.5%氨基寡糖素水剂	500	发病初期，均匀喷雾
蚜虫	烟草水（0.5kg 烟草＋0.5kg 石灰+20k 水，密闭浸泡 24h）	原液	发生初期，均匀喷雾
蚜虫	0.5%苦参碱水剂	500	发生初期，均匀喷雾
烟粉虱	0.5%苦参碱水剂	500	发生初期，均匀喷雾
烟粉虱	0.5%藜芦碱水剂	500	发生初期，均匀喷雾

十七、日光温室黄瓜霜霉病综合防治技术规程

发布单位：临沂市质量技术监督局 临沂市农业局

标准编号：DB3713/T 099—2016

本标准起草单位：临沂市农业科学院　临沂丰邦植物医院有限公司　临沂同德农业科技开发有限公司

本标准主要起草人：冷鹏　周绪元　张永涛　周广财　朱国淑

标准正文：

1　范围

本标准规定了日光温室有机黄瓜霜霉病的症状识别、防治原则、综合防治技术等。

本标准适用于临沂市日光温室有机黄瓜栽培中霜霉病的防治。

2　规范性引用文件

下列文件对于本文件的应用是必不可少的。凡是注日期的引用文件，仅注日期的版本适用于本文件。凡是不注日期的引用文件，其最新版本（包括所有的修改单）适用于本文件。

GB/T 19630. 1—2011　有机产品　第1部分：生产

3　霜霉病症状识别

3.1　幼苗感病

子叶正面先出现不均匀的褪绿黄化，然后呈不规则枯黄斑，背面产生一层灰紫色霉层，病叶很快干枯，以致幼苗死亡。

3.2　成株期受害

多在开花结果后开始发病，一般下部叶片发病，叶片正面呈现水浸状褪绿斑点，病斑扩大时受叶脉限制而呈黄绿色至褐色的多角形，病斑背面生一层灰紫色霉状物，如果大棚湿度大，霉层会更厚，形成黑霉。多个病斑连一片，使叶片迅速干枯，植株生长缓慢，严重的令整株死亡。

4 防治原则

以农业防治为基础，辅以生物防治、生物农药等综合防控措施。

5 综合防治技术

5.1 农业防治技术

5.1.1 清洁田园

及时清洁田园。将病叶、病果、病枝、病花等病残体及时收集带出，进行深埋、烧毁或堆积发酵用作肥料。

5.1.2 选用抗病品种

因地制宜地选用抗病品种，品种要合理布局和轮换种植，避免大面积种植单一品种。

5.1.3 种子杀菌

5.1.3.1 阳光晒种

晴天阳光下晒3~4h。

5.1.3.2 温汤浸种

播种前可用55℃温水浸种15min，进行种子消毒，杀死病菌。

5.1.4 培育壮苗

合理施肥浇水，培育壮苗，提高植株抗病性，避免叶面结露。

5.1.5 嫁接

以南瓜苗为砧木，采用靠接或插接等技术，提高植株抗病能力。

5.1.6 合理密植

合理密植，保证通风透光。

5.1.7 科学施肥浇水

结合耕地，每667m^2施腐熟优质农家肥5~6t。垄下施生物有机肥500kg。避免冷水浇灌，做到一次浇足，避免小水勤浇，提高植株抗病能力。

5.1.8　温湿度调控

合理调控温湿度，创造抑制病害生态小环境。具体办法是凌晨放风降湿，日出闭棚增温。上午温度达28℃时，小放风，32℃时大放风，使最高温度低于35℃。下午大放风，温度控制在20～25℃，相对湿度60%～70%，到半夜温度控制在13℃。浇水要选晴天上午进行。浇后，闭棚增温到38～40℃，1h后放风，更快降低棚间湿度。

5.1.9　高温闷棚

5.1.9.1　具体方法

选择晴天密闭大棚，使棚温上升至44～46℃（温度计与黄瓜生长点相平齐），保持2h，然后慢慢放风，处理后及时追肥浇水。

5.1.9.2　注意事项

闷棚前一天要浇大水。闷棚温度不能高于48℃，否则，对植株有害，低于43℃，杀菌效果不明显。

5.1.9.3　次数

在霜霉病发生初期，利用高温灭菌的方法处理1～2次，处理期间隔7～10d，能在一定程度上控制霜霉病的发生。

6　生物农药防治

用0.5%小檗碱水剂500倍液，或用1%蛇床子素水剂500倍液，或用橙皮精油300倍液，或用5%丁香子酚水剂100倍液叶片喷雾。叶片正反面喷雾要均匀。

附录　临沂市农业科学院历史与发展

一、简介

临沂市农业科学院始建于1958年，前身为临沂地区农业科学研究所，2005年12月更名为临沂市农业科学院，2006年5月加挂山东省农业科学院临沂分院的牌子，2010年12月将临沂市水稻研究所、临沂市种子公司并入。

临沂市农业科学院是公益一类事业单位，是全市建立最早、规模最大的公益性科研单位。总占地面积650余亩，其中试验用地400亩，综合科研办公大楼5 400多 m^2，科研仪器200余台套。主要从事农作物品种选育、优质高效生产新技术等研究开发工作。规格为正县级，内设6个管理机构、10个研究机构和2个服务机构，核定编制164人。目前拥有正高级职称专业技术人员13人，副高级职称专业技术人员42人；有享受国务院特殊津贴专家2人，省市突出贡献专家4人，全国先进工作者1人，省市级劳动模范3人。拥有小麦、花生2个国家现代农业产业技术体系综合试验站，花生、水稻2个山东省现代农业产业技术体系岗位专家，蔬菜、小麦、羊、中草药、杂粮等5个山东省现代农业产业技术体系综合试验站，水稻、甘薯、西甜瓜、辣椒、黄瓜等5个临沂市现代农业产业发展创新团队，与2个国家级创新平台共建了试验站，建设了8个市级科技创新平台。

建院60多年来，共取得282项市级（含）以上科技成果，其中23项国家级科技成果，54项省级科技成果，选育出了国家审定、省级审定或登记的“临麦系列”小麦品种、“临花系列”花生品种、“临稻系列”水稻品种、“临豆系列”大豆品种等71个新品种，制定24项省市地方标准，获得60项专利授权，主持和参编200余部专著和科普读物，科技成果应用转化效益显著。

临沂市农业科学院2009年被市政府命名为“市级花园式单位”，2011年荣获“市级文明单位”称号，2012年被市委、市政府评为“科学技术创新先进科研机构”“全市服务县域经济先进单位”。多次被评为“全市农业系统先进集体”和“山东省企事业科协先进单位”。

二、历史沿革

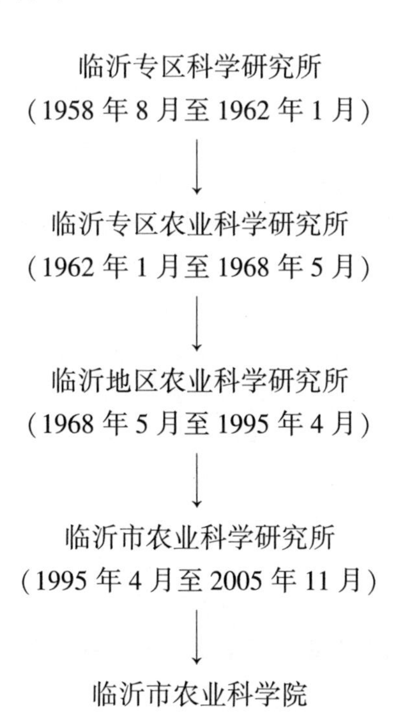

（2005 年 12 月）

↓

山东省农业科学院临沂分院

临沂市农业科学院

（2007 年 12 月）

↓

临沂市水稻研究所————临沂市种子公司

↓

临沂市农业科学院

（2010 年 12 月）

三、历届主要负责人

临沂专区科学研究所

（1958 年 8 月至 1962 年 1 月）

总支书记、所长　李芬（1958 年 9 月至 1959 年 11 月）

所长　李宗英（1959 年 11 月至 1962 年 1 月）

临沂专区农业科学研究所

（1962 年 1 月至 1968 年 5 月）

总支书记、所长　何桂芹（1962 年 1 月至 1964 年 4 月）

刘亚楚（1964 年 4 月至 1968 年 5 月）

临沂地区农业科学研究所

（1968 年 5 月至 1995 年 4 月）

所长　刘亚楚（1968 年 5 月至 1978 年 9 月）

所长、总支书记　雷英杰（1978 年 9 月至 1984 年 7 月）

所长　余慰先（1984 年 7 月至 1988 年 10 月）

总支书记　秦洪良（1984 年 7 月至 1988 年 10 月）

所长　杨英民（1988 年 10 月至 1994 年 1 月）

总支书记　赵炳明（1988 年 10 月至 1994 年 1 月）

副书记　杨恒华（主持工作）（1992 年 9 月至 1994 年 1 月）

所长、总支书记　刘树棣（1994 年 1 月至 1995 年 4 月）

临沂市农业科学研究所

（1995 年 4 月至 2005 年 11 月）

所长、总支书记　刘树棣（1995 年 4 月至 1997 年 5 月）

所长、总支书记　黄秀山（1997 年 5 月至 2005 年 11 月）

临沂市农业科学院

（2005 年 12 月至 2008 年 1 月）

院长　黄秀山（2005 年 12 月至 2008 年 1 月）

党委书记　李宗保（2006 年 4 月至 2008 年 1 月）

临沂市农业科学院

（2008 年 1 月至 2009 年 9 月）

院长　赵森（2008 年 1 月至 2009 年 9 月）

党委书记　李宗保（2008 年 1 月至 2008 年 6 月）

颜廷湘（2008 年 12 月至 2010 年 1 月）

临沂市农业科学院

（2010 年 1 月至 2012 年 2 月）

院长　颜廷湘（2010 年 1 月至 2012 年 2 月）

党委书记　张明利（2010 年 1 月至 2012 年 2 月）

临沂市农业科学院

（2012 年 2 月至 2019 年 1 月）

院长　高文献（2012 年 2 月至 2019 年 1 月）

党委书记　曹首娟（2012 年 2 月至 2012 年 7 月）

王光军（2012 年 7 月至 2014 年 11 月）

周绪元（2014 年 11 月至 2019 年 1 月）

临沂市农业科学院
（2019年1月至今）
党委书记、院长　周绪元（2019年1月至今）

四、建院60年发展纪实

临沂，这是片红色的土地。在这片沃土上，临沂市农业科学院紧跟时代步伐，积极投身“三农”建设主战场。从1958年到2018年，60年风雨兼程初心不改，60年使命担当砥砺前行。面对基层农业科技的迫切需求，一代代临沂农科人担负起科技兴农、造福民生的光荣使命，矢志不渝，执着创新，用心血燃烧青春岁月，用汗水铸就“金色沂蒙”。

临沂市农业科学研究工作的足迹，最早可追溯到1958年临沂地区农业科学研究所的建立，后更名为临沂市农业科学院，加挂山东省农业科学院临沂分院牌子。

60年来，临沂市农业科学院各项事业的发展，得到了各级领导和专家的深切关怀。省市领导曾先后到临沂市农业科学院及科技示范基地调研，对临沂市农业科学院的快速发展给予高度评价和充分肯定。

今天的临沂市农业科学院，是公益一类事业单位，核定编制164人，下设10个科研所，有享受国务院津贴专家2人，省突出贡献中青年专家1人，市突出贡献中青年专家2人，全国劳模1人，省市劳模3人，农业技术推广研究员13人，高级农艺师38人。多年来，共荣获155项科研奖项，选育42个新品种，制定13项技术标准，获得23项专利授权，科技成果应用转化效益显著。

团结奋进的农科人，秉承着“爱党爱军、开拓奋进、艰苦创业、无私奉献”的沂蒙精神，求实创新、攻坚克难、脚踏实地、默默耕耘，为临沂市乡村产业振兴插上了腾飞的翅膀，用技术和汗水保障了沂蒙大地的丰收。

立足产业谋科研科技创新结硕果

多年来，临沂市农业科学院立足产业特色，不断创新。一批批科研成果，成为推动农业增产增收、实现乡村振兴、托起农业腾飞梦想最坚定的科技支点。

小麦科研方面，先后选育出具有影响力的小麦新品种 3 个。其中，临麦 2 号填补了临沂市小麦审定品种空白；临麦 4 号作为高白度、抗倒伏品种，获得“山东省科技进步奖”、“全国农牧渔业丰收奖”等奖项，累计推广 6 000多万亩，新增社会效益 40 多亿元；临麦 9 号集高产、节水、综抗于一体，对小麦条锈病与白粉病均达到免疫水平，成为极具推广价值的优良品种。

水稻科研方面，先后完成国家、省市级科研课题 47 项，获成果奖 43 项，育成“临稻”系列水稻新品种 19 个，临稻 3 号获全国优质大米奖。水稻科研推动临沂市水稻平均单产由 180 多 kg 提高到 500 多 kg，累计推广应用3 000余万亩，增加社会经济效益 30 余亿元。国务院特殊津贴专家周洁研发的“三旱种稻法”被列为“全国百项农业推广技术之一”，在水稻节水高产领域做出了突出贡献。

花生、大豆科研方面，在省劳动模范、专业技术拔尖人才王棣华等老一辈科技工作者的带动下，先后育成花生品种 16 个，取得各类科技成果 20 余项，其中花生良种“反修 1 号”、“反修 2 号”获全国科学大会奖；选育出的鲁花 1、3、7 号，在全国具有较大的影响力；1982 年，率先开展夏花生覆膜栽培技术研究，填补了国内空白，荣获省科技进步奖二等奖。鲁黑豆 1 号成为全省第一个审定的黑豆品种。

蔬菜科研方面，以设施蔬菜质量安全与品牌创建为重点，在全国先进工作者、国务院特殊津贴专家、二级研究员周绪元带领下，研发了设施蔬菜环境调控和品质管控模式及关键技术等成果，多次获全国商业科技进步奖及省市科技奖励，为临沂市蔬菜提质增效、产业转型升级提供了有力支撑。

沂蒙特色资源研究方面，致力于沂蒙黑山羊品种选育与生态健康养殖技术集成等研究工作，显著提升了品种整齐度和生产性能，促进了这一全国优良地方种质资源的不断发展壮大。依托全市独特的中草药资源优势，开展对金银花、丹参、蒙山百合等育种与规范化栽培技术的研究，选育出金银花新品种“中花 1 号”，社会和经济效益显著。

植保科研方面，临沂市农业科学院与中国农业科学院共同完成了世界首次黏虫迁飞习性的研究，其成果“黏虫越冬迁飞规律研究”获得全国科学大会奖状。“我国褐稻虱迁飞规律的阐明及其在预测预报中的应用”获农业部技术改进奖一等奖。一项项植保科技成果，为临沂市农业丰收保驾护航发挥了重要作用。

党建引领添活力　科技服务遍沂蒙

临沂市农业科学院坚持“党建引领谋发展、深度融合促提升”的思路，凝心聚力，抓牢党建，奏响了“农科先锋　丰收沂蒙”党建品牌，全院共产党员模范自律，铸就先锋本色。

派驻多批优秀青年干部到贫困村任职“第一书记”，用真心和汗水诠释农科精神，他们有的将新技术春风化雨般融入百姓心田，被群众亲切的称为“大棚书记”；有的攻坚克难、助推乡村振兴，被市委市政府评为“全市第一书记标兵”。

多年来，临沂市农业科学院一直保持文明单位的称号，积极开展公益服务、慈善捐赠、主题教育和双城创建，先进典型不断涌现；深入基层，为农民提供技术服务，每年举办大型培训会 20 余场次，培训农业科技骨干 2 000余人；做活科技服务，加大与新型经营主体的合作力度，把论文写在大地上，着力加快科技成果转化，让科研成果迅速转化为生产力，助推产业发展根深叶茂，现已建立农业科技示范基地 110 个，基地面积 21 600亩，受到新型经营主体的普遍欢迎。

院党委一直致力于人才、学科、平台的协同建设，确立重点建设及重点培育学科 4 个，遴选学科带头人 10 人，建立重点创新团队 12 个。实施了中青年自主创新项目，设立“优青计划”，培养了一大批科研人才及后备力量。

今天的临沂市农业科学院，基层党建正引领全院科技创新等各项事业发展，在科研创新高质量发展领域，焕发出愈加澎湃的激情，在蒙山沂水间描绘出绿色生态、科学发展的宏伟画卷。

产学研政同协力　强院建设创辉煌

多年来，临沂农科人胸怀高远、兼容并蓄，科研实力持续攀升。当历史的重任传递到新一任领导班子手中，他们担当、作为、苦干、实干，认真做好当前，科学谋划未来，励精图治，在创建具有区域特色的地市级强院征程上迈出了新步伐。

借力者强，借势者智。临沂市农业科学院助力全市农业供给侧结构性改革和农业新旧动能转换，凝聚力量求突破，借势借力谋发展，近几年与中国农业科学院、山东农业大学、沈阳农业大学等大院名校、院士团队建立了广泛合作。

聚焦精准，定位明确。临沂市农业科学院做强特色学科，作物育种、作物栽培、蔬菜等学科优势凸显，在国内、省内初具影响。目前，拥有小麦、花生 2 个国家现代农业产业技术体系试验站，水稻、花生 2 个省现代农业产业技术体系岗位专家，蔬菜、中草药等 5 个省现代农业产业技术体系试验站；做优技术集成，一大批先进的栽培配套技术已成为全市粮油瓜菜持续增产、农民稳定增收的重要保障。

搭建平台，续航致远。临沂市农业科学院现有 2 个国家级合作创新平台和 8 个市级创新平台，试验场 500 余亩，拥有植物组培室、土壤及植物样品分析室、作物生理品质分析室等实验室。目前正在积极搭建高水平科研平台，促成建设浙江大学山东（临沂）现代农业研究院。

六十载光阴，见证了临沂市农业科学院波澜壮阔的时代巨变。一代代矢志不渝的农科人，肩负沂蒙人民的希望，栉风沐雨、一路征尘，将青春汗水挥洒在八百里沂蒙广袤的田野。

沂河奔腾，高奏奋进者的交响；蒙山巍峨，镌刻耕耘者的足迹。面向未来，临沂农科人将以习近平新时代中国特色社会主义思想为指导，在临沂市委市政府和市农业局党委的坚强领导下，坚守初心，奋发有为，以愈久弥坚的信仰和永不懈怠的激情，在服务沂蒙乡村振兴、建设新时代强院的征程上，续写新的辉煌。

五、现代农业产业技术体系岗位专家和试验站

（一）国家现代农业产业技术体系

（1）国家小麦产业技术体系临沂综合试验站（站长：刘飞）。

（2）国家花生产业技术体系临沂综合试验站（站长：孙伟）。

（二）山东省现代农业产业技术体系

（1）山东省现代农业产业技术体系花生产业创新团队育种岗位（岗位专家：谭忠）。

（2）山东省现代农业产业技术体系水稻产业创新团队育种岗位（岗位专家：李相奎）。

（3）山东省现代农业产业技术体系蔬菜产业创新团队临沂综合试验站（站长：张永涛）。

（4）山东省现代农业产业技术体系羊产业创新团队临沂综合试验站（站长：杨燕）。

（5）山东省现代农业产业技术体系小麦产业创新团队临沂综合试验站（站长：李宝强）。

（6）山东省现代农业产业技术体系杂粮产业创新团队临沂综合试验站（站长：刘玉芹）。

（7）山东省现代农业产业技术体系中草药产业创新团队临沂

综合试验站（站长：张谦）。

（三）临沂市现代农业产业发展创新团队

（1）临沂市水稻产业发展创新团队（岗位专家：张瑞华）。

（2）临沂市甘薯产业发展创新团队（岗位专家：徐玉恒）。

（3）临沂市黄瓜产业发展创新团队（岗位专家：张永涛）。

（4）临沂市辣椒产业发展创新团队（岗位专家：刘林）。

（5）临沂市西甜瓜产业发展创新团队（岗位专家：冷鹏）。

六、科技创新平台

名称	批准时间	计划下达部门	建设单位	主要负责人
临沂市小麦育种工程技术研究中心	2010 年 7 月	临沂市科学技术局	临沂市农业科学院	刘飞
小麦玉米国家工程实验室临沂试验站	2015 年 1 月	国家发改委 山东省农业科学院	临沂市农业科学院	庄克章
临沂市出口蔬菜产业技术创新战略联盟	2015 年 4 月	临沂市科学技术局	临沂市农业科学院	周绪元
临沂市蔬菜质量安全重点实验室	2015 年 12 月	临沂市科学技术局	临沂市农业科学院	周绪元
临沂市水稻育种工程技术研究中心	2016 年 1 月	临沂市科学技术局	临沂市农业科学院	李相奎
设施园艺教育部重点实验室鲁南试验站	2016 年 4 月	教育部 沈阳农业大学	临沂市农业科学院	张永涛
临沂市花生良种工程技术研究中心	2016 年 9 月	临沂市科学技术局	临沂市农业科学院	孙伟
山东省农业科技园区规划设计工程技术研究中心园区品牌战略发展分中心	2017 年 2 月	山东省科技厅 临沂大学	临沂市农业科学院	冷鹏
临沂市设施蔬菜精准化管控工程研究中心	2017 年 12 月	临沂市发展和改革委员会	临沂市农业科学院	张永涛

（续表）

名称	批准时间	计划下达部门	建设单位	主要负责人
临沂市道地中药材资源保护与开发利用工程技术研究中心	2017 年 12 月	临沂市科学技术局	临沂市农业科学院	丁文静

七、重点学科及重点创新团队

2017 年 5 月，经过全院公开遴选，确立了作物育种与良种繁育学、作物栽培学、蔬菜学 3 个重点建设学科及农产品（果蔬）贮藏与加工 1 个重点培育学科，确定了学科领军人才 1 人、学科带头人 7 人、青年学科带头人 2 人。同时，以重点学科及学科带头人为依托，组建了 12 个重点创新团队。

<table>
<tr><th colspan="2">学科</th><th>学科带头人</th><th>重点创新团队</th><th>团队首席专家</th></tr>
<tr><td rowspan="11">重点建设学科</td><td rowspan="4">作物育种与良种繁育学</td><td rowspan="4">刘飞
刘正学
李相奎
谭　忠</td><td>小麦育种重点创新团队</td><td>刘飞</td></tr>
<tr><td>水稻育种重点创新团队</td><td>李相奎</td></tr>
<tr><td>花生育种重点创新团队</td><td>谭忠</td></tr>
<tr><td>杂粮育种重点创新团队</td><td>徐玉恒</td></tr>
<tr><td rowspan="3">作物栽培学</td><td rowspan="3">李俊庆
孙伟
（青年带头人）</td><td>玉米栽培重点创新团队</td><td>李俊庆</td></tr>
<tr><td>花生栽培重点创新团队</td><td>孙伟</td></tr>
<tr><td>小麦栽培重点创新团队</td><td>李宝强</td></tr>
<tr><td rowspan="4">蔬菜学</td><td rowspan="4">周绪元
（领军人才）
李辉
张永涛
冷鹏
（青年带头人）</td><td>农业园区与农业品牌建设重点创新团队</td><td>周绪元</td></tr>
<tr><td>特色蔬菜品种改良与标准化生产重点创新团队</td><td>李辉</td></tr>
<tr><td>设施蔬菜精准生产重点创新团队</td><td>张永涛</td></tr>
<tr><td>蔬菜质量安全控制重点创新团队</td><td>冷鹏</td></tr>
</table>

（续表）

学科		学科带头人	重点创新团队	团队首席专家
重点培育学科	农产品（果蔬）贮藏与加工		农产品加工重点创新团队	李际会

八、重点创新团队首席专家简介

周绪元：农业园区与农业品牌建设团队首席专家

周绪元，男，中共党员，农业技术推广研究员（二级），蔬菜专业，现主要从事蔬菜商品化处理与品质管控技术和农业园区与农业品牌建设研究。共获科技成果奖 30 余项，其中国家科技进步奖二等奖 1 项，省部级科学技术奖 9 项，全国性社会力量科学技术奖 5 项，发表论文 50 余篇，出版科技书籍 10 余本。是山东省政府农业农村专家顾问团蔬菜分团成员、中国农学会农业科技园区分会理事和中国区域农业品牌专家委员会秘书长。荣获全国先进工作者、国务院政府特殊津贴专家、山东省有突出贡献的中青年专家和中国农业品牌建设学府奖等荣誉称号。

李辉：特色蔬菜品种改良与标准化生产团队首席专家

李辉，男，中共党员，农业技术推广研究员，农学专业。现主要从事新型节能高效日光温室无公害蔬菜生产技术研究与开发和蔬菜工厂化育苗技术研究开发。共获科技成果奖 20 余项，其中国家科技进步奖二等奖 1 项，农业部科技进步奖二等奖、三等奖各 1 项，省科技进步奖一等奖 1 项，三等奖 4 项，发明专利 6 项，发表论文 28 篇。荣获省农业厅三等功、省科技先进工作者、市专业技术拔尖人才、市科教兴市先进工作者、临沂市十大杰出青年、市新长征突击手和市优秀共产党员等荣誉称号。

刘飞：小麦育种团队首席专家

刘飞，男，中共党员，农业技术推广研究员，农学专业。主要从事小麦育种和栽培技术研究。共获科技成果奖20余项，其中农业部丰收计划奖三等奖1项，省科技进步奖三等奖1项，市科技进步奖一等奖3项。主持育成了小麦新品种3个，发表论文20余篇。是山东省第六届农作物品种审定委员会委员。荣获第二届临沂市十大科技状元、市先进工作者、科教兴市先进工作者、第三届临沂市优秀科技工作者、市劳动模范、临沂市有突出贡献的中青年专家和市农民科技教育培训十大名师等荣誉称号。

张永涛：设施蔬菜精准生产团队首席专家

张永涛，男，中共党员，农业推广研究员，作物栽培专业。主要从事设施蔬菜精准化栽培和蔬菜品质全程管控技术研究。共获市级以上科技成果9项，是山东省蔬菜产业技术创新团队临沂综合试验站站长、临沂市设施蔬菜精准化管控工程研究中心主任、临沂市出口蔬菜产业技术创新战略联盟秘书长、中国农业园区智库专家和临沂市有突出贡献的中青年专家。

冷鹏：蔬菜质量安全控制团队首席专家

冷鹏，男，中共党员，高级农艺师，农学专业，主要从事果蔬质量安全控制和品牌农业研究。获国家、省、市级科技成果奖励20余项，其中中国商业联合会科技进步奖二等奖1项，市科学技术奖3项，获国家专利5项，主持制定临沂市地方标准3项，主编参编著作15部，获计算机软件著作权1项，发表论文60余篇。是临沂市西甜瓜产业发展创新团队岗位专家、山东省农业科技园区规划设计工程技术中心园区品牌战略发展分中心负责人、中国区域农业品牌研究中心办公室主任。荣获临沂市十大杰出青年、振兴沂蒙劳动奖章、山东省农村科技致富带头人、全市第一书记标兵、富民兴临先锋个人、全国百名农化专家、中国产学研创新成果奖等荣誉称号，记二等功和三等功各一次。

李相奎：水稻育种团队首席专家

李相奎，男，中共党员，农业技术推广研究员（三级），农学专业。主要从事高产优质多抗水稻新品种选育、优质稻米及制品研究开发、水稻高产有机栽培、春夏直播节水增效栽培和病虫草害防治等综合技术研究推广应用。共获科技成果奖16项，其中省科技进步奖三等奖1项，市厅级科学技术奖12项，国家、省级社会力量科学技术奖3项，发表论文20余篇，出版科技书籍4本。主持育成水稻新品种9个和转基因双抗水稻新品系2个。是山东省农作物品种审定委员会委员、山东省现代农业产业技术体系岗位专家和临沂市首席水稻科技专家。荣获国家科技金桥奖先进个人、临沂市振兴沂蒙劳动奖章、职业道德建设标兵、科技三下乡先进个人、全市农业系统先进个人和优秀共产党员等荣誉称号。

谭忠：花生育种团队首席专家

谭忠，男，中共党员，农业技术推广研究员，农学专业。主要从事花生、甘薯和中药材育种与栽培技术研究工作。共获科技成果奖20余项，其中省科技进步奖二等奖1项，市科技进步奖一等奖1项，主持或参加育成山东省审定花生新品种3个，发表各类论文20余篇。是山东省花生产业技术体系遗传育种岗位专家、山东省农作物品种评审委员会花生专业组成员。荣获山东省农业科教先进作者、临沂市跨世纪优秀青年科技人才和临沂市农业系统先进工作者等荣誉称号。

徐玉恒：杂粮育种团队首席专家

徐玉恒，男，民盟盟员，农技推广研究员，植物保护专业。主要从事农作物病虫害综合防控和甘薯新品种选育等研究和推广工作。共获科技成果奖10余项，其中获省科技进步奖三等奖1项、省农牧渔业丰收奖二等奖2项，选育出甘薯新品种1个，发表论文30余篇，制定地方标准2个。

李俊庆：玉米栽培团队首席专家

李俊庆，男，中共党员，农业技术推广研究员，农学专业。主要从事花生、玉米及菜油和粮油栽培技术研究工作。共获科技成果奖20余项，其中省科技进步奖二等奖2项、三等奖1项，省农牧渔业丰收奖及市科技进步奖20余项，发表论文30余篇。荣获首届沂蒙长青奖及跨世纪优秀青年科技人才等荣誉称号。

孙伟：花生栽培团队首席专家

孙伟，男，中共党员，高级农艺师，农学专业。主要从事花生育种和栽培技术研究。共获科技成果奖20余项，其中获国家农牧渔业丰收奖1项，省农牧渔业丰收奖1项，市科技进步奖16项。主持育成国家登记花生新品种3个，制定地方标准2项，取得国家计算机软件著作权3项，发表学术论文25篇，参编学术专著1部。是国家花生产业技术体系临沂综合试验站站长、临沂市花生良种工程技术研究中心负责人、临沂市农业科学院青年学科带头人和花生栽培重点创新团队首席专家。兼任院学术委员会秘书长和院科协秘书长，被聘为临沂商城智库专家和临沂大学农林科学学院硕士研究生导师。荣获全市农业系统先进个人和全省企事业科协工作先进个人等荣誉称号。

李宝强：小麦栽培团队首席专家

李宝强，男，中共党员，高级农艺师，农学专业，主要从事小麦育种和栽培技术研究工作。育成小麦新品种3个，获科技成果奖18项，其中省科技进步奖三等奖1项，国家农牧渔业丰收奖三等奖1项，山东省农牧渔业丰收奖一等奖1项，临沂市科技进步奖一等奖2项，发表论文20余篇，荣获临沂市农业系统先进工作者、优秀共产党员和临沂市优秀科技工作者等荣誉称号。

李际会：农产品加工团队首席专家

李际会，男，中共党员，农艺师，工学博士，农业水土工程专业。主要从事土壤改良及生物炭材料制备相关研究。主要参与科研项目有：中日 JICA 项目（第二期）“功能吸附型新材料开发及其减少硝态氮流失污染的应用研究”、农业农村部华东都市农业重点实验室开放课题（HD201806）和临沂市农业科学院中青年自主创新项目等。发表论文 3 篇，其中 SCI 论文 1 篇；参与制定标准 2 项。